春和苑食话 2

纪世超 于玲玲 著

中国海洋大学出版社
·青岛·

图书在版编目(CIP)数据

春和苑食话. 2/纪世超,于玲玲著. —青岛:中国海洋大学出版社,2010.1(2016.11重印)
　ISBN 978-7-81125-383-2

　Ⅰ.春… Ⅱ.①纪…②于… Ⅲ.①饮食－文化－山东省②诗歌－作品集－中国－当代 Ⅳ.TS971 I227

中国版本图书馆CIP数据核字(2009)第243402号

出版发行	中国海洋大学出版社				
社　　址	青岛市香港东路23号		邮政编码	266071	
网　　址	http://www.ouc-press.com				
订购电话	0532－82032573				
信　　箱	chengjunshao@163.com				
责任编辑	邵成军		电　　话	0532－85902533	
印　　制	日照报业印刷有限公司				
版　　次	2010年1月第1版				
印　　次	2016年11月第2次印刷				
成品尺寸	140 mm×203 mm				
印　　张	6.625				
字　　数	130千字				
定　　价	26.00元				

斓斑点黑微涂黄

注：指鳜鱼。出自宋代李纲《新开河食鳜鱼戏成》。

涸辙之鲋

注：指鲫鱼。出自《庄子·外物》。

身小而足长

注：指八带蛸。出自《本草纲目》。

叶黄白鲜莹

注：指白菜。出自《咸淳临安志》。

剪而复生

注：指韭菜。出自《农书》。

秋菜之美者

注：指芹菜。出自《吕氏春秋》。

以含桃先荐寝庙

注：指樱桃。出自《周礼》。

寒瓜方卧垄

注：指西瓜。出自南朝沈约《行园》。

序

纪世超、于玲玲二位继《春和苑食话》之后,在短短的时间内又推出了《春和苑食话2》。这是什么精神?分明是拼命三郎的精神,是有备而来的有话要说。

《春和苑食话2》比之于上一本,文诗相配的形式没有变。从《梁实秋笔下的顺兴楼拿手菜及其他》《寨花》《崂山会场梭子蟹》《青岛大白菜》等作品上看,作者地域文化的情感之流依然汩汩地流淌。除此之外,此文集中作者已将饮食文化的视角转向了大江南北更广阔的领域。燕窝、鱼翅类高档的山珍海味,佛跳墙、东坡肉、鱼香肉丝类国人耳熟能详的美味佳肴,辣椒、韭菜、笋、杏、西瓜等日常的蔬菜水果,它们的虚与实、过去与现在、历代国人对它们的态度以及它们在当今时代的形形色色,都被作者用学者的眼光,用一种东方文化特有的胸襟一一打包,然后展示给我们。阅读此书,我们眼前会为之一亮。读这样的文集,我们的心灵极易进入中华五千年文明史,并看到食文化的辉煌。这些值得骄傲的食文化中有国人的喜怒哀乐,有文人掌故的趣闻轶事,甚至有国家礼仪和治国方略。这些属于物质与精神双丰收的财富,是我中华民族智慧的结晶,也体现着国人饮食上的高境界。有这样的文章引路,我们明白了国人为什么要"一辈子学穿,三辈子学吃";也知道了《中庸》所谓"人莫不饮食也,鲜能知味也"不是故弄玄虚,老子所言"治大国若烹小鲜"并不是把治国之道看小。中华民族虽历尽艰难,但却是一个懂吃的民族,烹饪王国的称号当之无愧。《春和苑食话2》在上一本的基础上,又给我们打开了一扇有民族特色的新窗口。这是作者奉献给大家的好礼物。难能可贵的是,二位作者此文集中表露的人与动物的关系也让我们不得不反思人类对待动物的伦理道德。要知道,这可是世界领域的大话题,与环境保护、全球气候变暖等问题一样重要。由此看得出作者的思路已有了古人不曾有的与世界接轨的新思想。文集几乎每一篇作品中关于食物的食疗、关于营养成分的作用与含量等内容,都建立在现代科技成果的基础之上,是拿新成果充实饮食文化内容。当然,这一点也是古人不能做到的。文中烹饪技艺的大胆披露和可操作性,这种技艺上的实用性,至少国内此类书籍中少有。看《春和苑食话2》流露的消息,我似乎觉得两位作者大有把《春和苑食话》写成系列的意图。果真如此,是读者的福气。因为,作者的知识面、

文化底蕴和驾驭文字的能力够水准,是饮食文化大家的好坯子,前途无量。就两本文集文诗相配相互照应的文体形式与看问题的视角而言,说《春和苑食话》丛书是目前国内同类书中的佼佼者不为过。

在此,我还想为《春和苑食话2》中的诗歌说两句。在上一本文集的序中,我曾经说过:"一首首诗作,看似与文章遥相呼应,是文章的解读,但是仔细品味,它们又各自独立,自有天地。"读此文集的诗歌,我觉得它的魅力更大,那些诗歌对物的认识,对人生经验的推广与加深,对民俗与个人情绪的渗透力,抽象思维与敏锐感觉的浑然不分等,都向我们展示着超然于物外的一种高雅的美。当然,这种东西有它语言的服饰,心灵的序曲,意象的张扬和节奏的有板有眼。这种东西很容易俘获读者的心灵,读者们心灵深处那些被日常生活麻木的部分也立马会活跃起来,高尚起来,并且冲动不已。这是诗的力量,是读真正的诗的感受。有道是,诗言志。我们知道,好的诗作是诗人对生活中的某个事情或现象感受特别强烈才激起了创作欲望。《春和苑食话2》中的诗作肯定也向我们传达着诗人的心语。每一首诗作给我们的感受不是做作之作,而是诗人心灵的驿动,是不同凡响的气息和才气的自然流露。一样样饮食之材是恰切不过的载体,让我们都能感觉到。诗作

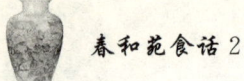

中的物象与主题关系的处理都恰到好处。这事情简单吗?我在上一本的序中言:"《春和苑食话》的问世,让人们重新看到了中华饮食诗作的曙光!"今天我又要说,其架势不仅如此,它让现代诗歌不再脱离现实,而是关注民生,使诗歌重归诗歌之位的意义有了更深的含义。由此看来,诗人奉献给了我们一坛醇香的诗之酒。依我看,于玲玲女士是当下饮食文化界猛然冒出的现代饮食诗歌的"超女"。借此,我祝福她在饮食诗歌之路上走得更远。

我欣然接受二位的请求,为本书写序,并希望广大读者也喜欢,读罢本书一定受益匪浅。

孙春明

2009 年 12 月 5 日

目 录

梁实秋笔下的顺兴楼拿手菜及其他 ……………………（1）
  梁实秋与顺兴楼（诗）………………………………（13）
燕窝 ……………………………………………………………（16）
  燕窝（诗）……………………………………………（20）
鱼翅 ……………………………………………………………（23）
  鱼翅（诗）……………………………………………（27）
果子狸 …………………………………………………………（30）
  果子狸（诗）…………………………………………（35）
佛跳墙 …………………………………………………………（38）
  佛跳墙（诗）…………………………………………（40）
鳜鱼 ……………………………………………………………（43）
  鳜鱼（诗）……………………………………………（47）
寨花 ……………………………………………………………（49）
  鲈鱼（诗）……………………………………………（53）
鲫鱼 ……………………………………………………………（55）
  鲫鱼（诗）……………………………………………（59）
青鱼 ……………………………………………………………（62）
  青鱼（诗）……………………………………………（67）

崂山会场梭子蟹	(70)
蟹子（诗）	(74)
青岛黄山海蜇	(77)
海蜇（诗）	(81)
扇贝	(84)
扇贝（诗）	(88)
八带蛸	(90)
葱拌八带（诗）	(93)
蛎黄	(95)
炸蛎黄（诗）	(99)
东坡肉	(101)
东坡肉（诗）	(104)
新肉食主义	(107)
猪肉论（诗）	(109)
葱烧蹄筋	(112)
葱烧蹄筋（诗）	(115)
鱼香肉丝	(117)
鱼香肉丝（诗）	(119)
青岛大白菜	(122)
白菜（诗）	(126)
辣椒	(130)
辣椒（诗）	(134)
韭菜	(136)
春韭（诗）	(140)

目 录

笋 ·· (143)
 笋(诗) ··· (147)
崂山拳头菜 ·· (151)
 拳头菜(诗) ··· (155)
平度马家沟芹菜 ·· (157)
 醋芹(诗) ·· (162)
扁豆 ··· (164)
 扁豆(诗) ·· (167)
野菜 ··· (169)
 野菜(诗) ·· (173)
我们的炸 ·· (176)
 炸藕盒(诗) ··· (180)
崂山北宅樱桃 ··· (182)
 樱桃(诗) ·· (186)
杏 ·· (188)
 杏(诗) ··· (191)
西瓜 ··· (194)
 西瓜(诗) ·· (197)
后记 ··· (201)

梁实秋笔下的顺兴楼拿手菜及其他

略知青岛百年饮食文化史的人,都不会对上世纪初青岛北京路的顺兴楼饭馆感到陌生。顺兴楼饭馆征服了当时岛城的食客,并让在青岛居住的以清朝遗老王垿(xù)为首的"耆年会"成员频频光顾,让国立青岛大学杨振声校长和闻一多、赵太侔、梁实秋等学者教授们"三日一小宴,五日一大宴";1935年,同仁性文艺周刊《避暑录话》的编辑老舍、洪深、王统照等每周聚餐顺兴楼商谈稿件。我想,除老板李万宾经营有方外,菜品好也是很重要的一个方面。那么,征服这些有身份的食客的菜肴是哪些?读梁实秋"雅舍"随笔,当年顺兴楼的拿手菜便浮出水面。

 **氽西施舌**

梁实秋《雅舍谈吃》有这么一段文字:"我第一次吃西施舌是在青岛顺兴楼席上,一大碗清汤,浮着一层尖尖的白白的东

西,不知为何物,主人曰是乃西施舌,含在口中有滑嫩柔软的感觉,尝试之下果然名不虚传。"

顺兴楼烹制的西施舌的确好,给梁实秋先生留下了深刻的印象,使梁先生在其《忆青岛》一文中又言:"顺兴楼最善烹此味,远在闽浙一带的餐馆之上。"不得了的夸奖!

西施舌是海产品,属于贝类,软体动物门蛤蜊科的一种。美食家周亮工曾将其称为神品。虽我国沿海均有出产,但青岛出产的西施舌质地甚优。西施舌柔软滑嫩,异常鲜美,爆、炒均可,不过,不能体现其特色。汆(cuān)法最好。《渔书》云:"西施舌……味清甘有致,作汤佳味。"正所谓"凡物各有先天",因材施烹,君子成人之美。梁实秋吃到的正是一碗汤,名为汆西施舌,其法为:开水略汆的西施舌肉盛入一小盘内,同咸鲜口味的鸡汤比例大的滚热的汤同时上桌,外带韭菜、香菜末。服务生当着客人的面将西施舌轻轻倒入冒着热气的汤碗中,撒上韭菜、香菜末便成。

青岛不仅出产品质极优的西施舌,西施舌出产地的胶南,还有越国美眉避难胶南、为防不测咬断舌头、断离人体的舌头就此演化成了西施舌的传说。青岛人,甚至胶东半岛乃至山东省的人,对于西施舌情深意切。近300年前,在与青岛一海相连的日照,一个叫西石梁村的村庄,一个名叫丁宜曾的人所著

的《农圃便览》一书上,我们就能发现氽西施舌之法:"先用净水洗净壳上泥沙,以刀劈开,去壳,取舌肉洗净,再将净水入锅,止用盐花、葱、姜少许,煮沸方入舌肉,即刻取出。不可入荤油酱油。"有丁先生的氽西施舌为蓝本,代代相袭,精雕细琢,去假存真,氽西施舌不成为鲁菜中的拿手菜才怪!而这技艺的拥有者,当年顺兴楼的师傅得其要义,是厨师中的骄子。

 ## 乌鱼钱

乌鱼钱,又名乌鱼蛋、墨鱼蛋,是金乌贼缠卵腺,个头一般比鸽蛋略大,稍扁。它取料于乌贼体,却比乌贼的名气大,正所谓青出于蓝而胜于蓝。它是传统鲁菜中的下八珍之一,有鲜货与干货之分。但是,无论是哪一种,都不能直接入烹。鲜货加高汤、葱、姜、料酒入笼蒸透后,手撕成片,温水反复浸泡,才可烹制。干货呢,更麻烦,因它用盐腌过,干得透彻,又储藏了一段时间,所以,用的时候,需先用清水浸泡盐分,再用温水促其回软,高汤上笼蒸透,置凉水中剥去膜皮,分开卵片,入冷水锅烧至八成开,如此反复五六次,才能进入烹制的阶段。袁枚《随园食单》有言,"乌鱼蛋最鲜,最难服事",经验之谈。做烩乌鱼蛋的每一道工序都是针对乌鱼蛋的特点的。锅内放入高汤,下入涨发好的乌鱼蛋片,加盐、醋、料酒调成咸鲜口味,开锅后撇去浮沫,撒上白胡椒粉,用湿淀粉勾二流芡(qiàn),倒入汤碗内,

淋香油,撒香菜末。这是鲁菜在京城叫得很响的经典菜肴。当年北京餐饮中数鲁菜风味的东兴楼饭庄此菜做得最好。

"有一年在青岛顺兴楼饮宴,上了这么一碗羹,皆夸味美。"梁实秋《雅舍谈吃》如是说。这就够了。

 ## 爆双脆

何为双脆?猪肚鸡胗。两样质地的确脆嫩。爆之法乃两者的知音。爆菜的特点:脆嫩爽口,吃完后盘内无汤汁。

爆双脆,可说是一个历史悠久的菜肴。清代袁枚《随园食单》"猪肚二法":"将肚洗净,取极厚处,去上下皮,单用中心,切骰子块,滚油炮炒,加作料起锅,以极脆为佳。此北人法也。"《调鼎集》一书不单有炒猪肚、爆肚、腰肚双脆,鸡胗丁、萝卜炒鸡胗等也列于其中。爆双脆应有的刀口、火候清清楚楚。国人在吃上很注重料散神不散,杂烩、爆三样、主配料的讲究都是这方面的体现。猪肚鸡胗脆脆联手也会顺理成章。据说,清代中期,济南的厨师为了满足达官贵人的需要,先是"爆双片",之后改材料为丁。清代中末期,此技法传入北京后,经京帮鲁菜厨师的不断完善,此菜肴具有了看上去红白相间、形似花朵,吃入口中质地脆嫩、清爽可口的品质,很是赢得了食客的赞美,一举

成了鲁菜的看家菜。

做一个好的爆双脆,一是要选料精,二是火候要恰到好处。所以,猪肚鸡胗在选精料的基础上,还得细细地将油脂和里外皮剔除干净,再在原料上刭(jī)三分之二深的均匀细密的十字花刀,之后用适量的熟碱水浸泡一段时间,清水冲去碱分。灶台上,80度的温热水焯一下原料,再热油一促。葱、姜、蒜片爆锅后,倒入原料、料酒颠匀,倒入用高汤、盐、味精、醋、水生粉等碗内兑好的汁,急火爆炒便成。当然,这活儿说起来容易做起来难。梁实秋《雅舍谈吃》:"爆双脆也是称量手艺的菜,利巴头二把刀是不敢动的。"梁实秋《酒中八仙》又言:"顺兴楼是本地老馆子,属于烟台一派,手艺不错,最拿手的几样菜如爆双脆、锅烧鸡、氽西施舌、酱汁鱼、烩鸡皮、拌鸭掌、黄鱼水饺……都很精美。"

读《雅舍谈吃》得知,梁先生欣赏的爆双脆的一"脆"是羊肚而不是猪肚。羊肚、猪肚是个人嗜好,再说也中规中矩,并有历史。《调鼎集》有爆羊肚一菜。那么,当年顺兴楼的爆双脆是啥脆?不得而知。不过,不管怎样,顺兴楼的爆双脆够水准无疑。梁实秋的话可为证。

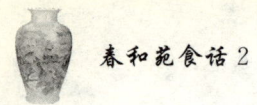

锅烧鸡

梁实秋《雅舍谈吃》："锅烧鸡要用小嫩鸡,北平俗语称之为'桶子鸡'……我所谓桶子鸡是指那半大不小的鸡,也就是做'炸八块'用的那样大小的鸡。整只的在酱油里略浸一下,下油锅炸,炸到皮黄而脆。同时另锅用鸡杂(即鸡肝鸡胗鸡心)做一小碗卤,连鸡一同送出去。照例这只鸡是不用刀切的,要由跑堂的伙计站在门外用手来撕的,撕成一条条的,如果撕出来的鸡不够多,可以在盘子里垫上一些黄瓜丝。连鸡带卤一起送上桌,把卤浇上去,就成了爽口的下酒菜。"

如果依据青岛传统的锅烧鸡的作法,先一步的整鸡入味与事后的炸,与梁文的锅烧鸡基本一致。区别是,梁文中的鸡是"整只的在酱油里略浸一下,下油锅炸,炸到皮黄而脆"。青岛传统的作法,整鸡脊背开膛去掉内脏后,需放入汤锅内煮六成烂,取出,去掉鸡骨,鸡肉放入碗内再加葱、姜、大料、料酒、酱油、高汤类入笼蒸烂。取出之后不是立马热油炸,而是切一点肥肉膘,葱、姜细丝装进胸脯里面。鸡蛋、面粉、淀粉调制一个全蛋糊,将糊的一半倒入一个平盘上,蒸好的鸡平铺着放在糊上,剩下的糊涂抹到鸡面。只有如此之后,才能进入热油炸的工序。最后的工序更是特别,色泽金黄、外酥里嫩的鸡顶刀改

成三分宽一寸余长的条,盘内摆成马鞍形。吃时不是蘸卤汁,而是蘸蒜泥、甜酱、香油调成的老虎酱。

当年顺兴楼烹制的是何样的锅烧鸡?没有史料可证。不过,它能让一个大美食家满意也就够了,也就可以尽显此店锅烧鸡菜肴的品味与技艺之高超。另有一点,梁先生《雅舍谈吃》有这么一段话:"何以称之为锅烧鸡,我不大懂,坐平浦火车路过德州的时候,可以听到好多老幼妇女扯着嗓子大叫烧鸡烧鸡……烧得焦黄油亮,劈开来吃,咸渍渍的挺好吃,这种烧鸡是用火烧的。也许馆子里的烧鸡加一个锅字,以示区别。"其实,锅烧鸡的原创在元代。元代无名氏《居家必用事类全集》"锅烧肉":"猪、羊、鹅、鸭等,先用盐、酱、料物腌一二时。将锅洗净烧热,用香油遍浇,以柴棒架起肉,盘合纸封,慢火焐熟。"

 **酱汁鱼**

酱汁鱼,如今挺陌生的一个菜名。

我本认为,此菜是传统鲁菜的酱爆鱼:收拾干净的鲤鱼先用热油炸金黄色;炒勺内留底油,葱、姜爆锅,加白糖慢火炒鱼,加甜面酱炒香,再加入料酒、酱油、清汤类,鱼入锅,慢火煨爆至熟。读《雅舍谈吃》得知,此鱼非彼鱼。依梁文的说法,酱汁鱼:

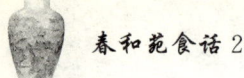

"鱼剖为两面,取其一面,在表面上斜着纵横细切而不切断。入热油炸之,不须裹面糊,可裹芡粉,炸到微黄,鱼肉一块块的裂开,看样子就引人入胜。撒上花椒盐上桌……两做鱼另一半酱汁,比较简单,整块的鱼嫩熟之后浇上酱汁即可,惟汁宜稠而不粘,咸而不甜。要撒姜末,不须别的佐料。"

不说别的,鱼之味虽都酱香,但质感上就有浓郁与酥脆之别,做法上的不同更是显而易见。

酱汁鱼,曾经是鲁菜的拿手菜,在中华饮食文化史中写下了浓浓的一笔。顺兴楼的酱汁鱼得大美食家梁实秋夸,不得了,也说明它不是一个一般的菜肴。可是,如今,怕是要成为菜肴中的"广陵散"了!

 ## 烩鸡皮

庾(yǔ)信《竹杖赋》:"子老矣,鹤发鸡皮,蓬头历齿。"鸡皮哪有美食主义的味道?我们常言鸡皮疙瘩,更是被鸡皮之丑弄得大倒胃口。然而,一个烩鸡皮,不仅反其道而行之地宣告了鸡皮的美,并且还是可大快朵颐的美味佳肴。梁实秋《酒中八仙》:"顺兴楼……最拿手的几样菜如爆双脆、锅烧鸡、佘西施舌、酱汁鱼、烩鸡皮……都很精美。"

烩鸡皮200年前就很精美。《调鼎集》"烩鸡皮":"肥鸡,取皮,配鹿筋条、笋片,作料烩。"其实,清代《调鼎集》菜谱集上,不止有烩鸡皮,拌鸡皮、烧鸡皮也列于其中。再广之,鸡皮冬笋、拌鸡皮丝、鸡皮烩菜花、羊肚菌烩鸡皮等,都是当下国人喜爱的菜肴。鸡皮虽脂肪含量高,但是,熟后的脆香,脾性上的清白不染,也让人们食之有味。更何况烹制鸡皮菜肴的每一步,都是在与脂肪带来的油腻作减法处理的过程。做不好,某种意义上,是不是该说,不是鸡皮狡猾而是我们太无能了?烩鸡皮,我们不仅得鸡皮的妙处,也得原料的"杂小"和羹的稠厚多姿。这都是有容、互利的结果。鲁菜的烩鸡皮包容了冬菇、火腿、玉兰片、油菜心,菜肴好吃又好看。顺兴楼的烩鸡皮得梁先生赞美,一定是一个好之又好的菜肴了,可惜如今得此菜肴要义的人不多了。

 拌鸭掌

鸭掌的确是一个不错的菜肴。清人何人鹤《同王伯雨饮天瑞楼分韵得鸭掌》:"对酒擘(bò)其掌,家凫(fú)有异芬。戏塘泥有迹,踏浪水生纹。名为熊蹯并,品从鸡肋分。当年如换字,减脚亦鹅群。"两人一边喝酒,一边吃鸭掌,之后再来个写食主义,真是神仙过的日子。

· 9 ·

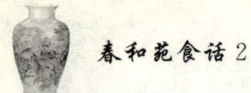

吃鸭掌,吃的是一层皮。但是,这一层皮富含胶质,口感柔韧松脆,加热时间长,也腴润清香。不少人对它爱之有加。

拌鸭掌,其实就是芥末鸭掌。梁实秋《雅舍谈吃》:"拌鸭掌是一道凉菜,下酒最宜。做起来很费事,须要把鸭掌上的骨头一根根地剔出,即使把鸭掌煮烂之后,再剔亦非易事。而且要剔得干净,不可有一点残留。这道菜凡是第一流的山东馆都会做,不过精粗不等。鸭掌下面通常是以黄瓜、木耳垫底,浇上三和油,再外加芥末一小碗备用。"梁先生不仅夸芥末鸭掌"下酒最宜",还透露"这道菜凡是第一流的山东馆都会做"。"第一流"意味着什么?是技艺的含金量和它的档次。鸭掌没有耐心和掌握不了火候决然不行,何况还得去除异味,还得考虑食客的适口。芥末,《礼记》中就有记载的调料,以芥子油开人胃口,诱人食欲。北方人好喜欢。让它与鸭掌联手,是个不错的主意。它几百年前已经闪亮登场。《调鼎集》"拌鸭掌":"去骨撕碎,配芦笋或笋衣、木耳、芥末、盐、醋冷拌,加麻油。切丝同。"鲁菜烹饪史告诉我们,芥末墩儿和芥末鸭掌是鲁菜风味芥末味型的拿手菜。当年青岛的顺兴楼是岛城第一流的山东馆,芥末鸭掌做得好是必然。

 ## 黄鱼水饺

水饺,半圆形包馅的面食,可谓我国北方人的最爱。舒服

不过倒着,好吃不过饺子,是爱吃水饺人的真情实感。不过,所谓水饺,并不是沾边就成,面粉的品质不好也不行,皮厚不佳,露馅更不可。有出息的水饺,除了以上几点,内馅至关重要。就馅而论,它不是固定不变,如沈宏非《饺子》所言:"凡是能切细剁碎,能被饺子皮包住的东西,就一概可以拿来做馅。"这正是饺子的魅力所在,爱吃水饺之人很重要的一项追求。

黄鱼,青岛人叫黄花鱼,实际是小黄花鱼,属石首鱼科。青岛近海盛产,每年春秋两季上市。体重200克左右。味道极佳。明代李东阳《佩之馈石首鱼有诗次韵奉谢》:"风流不斗莼丝品,软烂遍宜豆乳堆。"拿它炸、家常烧等都是美味。拿它包水饺,吃过的人,无不竖大拇指。不过,黄花鱼,鱼小是事实,要吃上黄鱼水饺,得耐心地一条条将鱼肉剔取,再将鱼肉掺一点肥肉膘在墩子上用刀剁细,还得在制馅时加韭菜、盐、味精、胡椒粉、花椒油类调味。面好皮薄更是必需。最后的煮水饺,也有过五关斩六将的意味。

"我也吃过顶精致的一顿水饺,在青岛顺兴楼宴会,最后上了一钵水饺,饺子奇小,长仅寸许,馅子却是黄鱼、韭黄,汤是清澈而浓的鸡汤,表面上还漂着少许鸡油。大家已经酒足菜饱,禁不住诱惑,还是给吃得精光,连连叫好。"(《雅舍谈吃》)我就什么也不用说了。

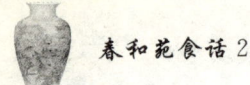

据史料、文人著作和老青岛人回忆,位于北京路的顺兴楼创建于1917年前后。老板是烟台福山诸留杨村李万宾。创建饭馆之初,他曾得清代遗老、书法家王垿的帮助。"顺兴楼"匾额都是王垿的手迹。顺兴楼规模大,一次可开席160余桌,店内员工70多人,可算当时岛城第一流的大饭馆。不仅如此,店堂是雅座,陈设典雅的传统桌椅。店堂内的墙壁上挂有名人字画。此店的经营方式,不卖零座,只包办整桌酒席。所备餐具有两套,一套高级细瓷,一套上等酒席备件齐全的银质器。服务生统一着装,训练有素。最主要的是该饭馆的掌柜当时任青岛餐馆公会会长。灶台厨师王治平、砧板"飞刀王"王传选以及后来离开顺兴楼开办岛城另一家名餐馆聚福楼的高学曾等,都是胶东帮口福山祖籍的名厨。他们烹调上不仅继承了传统技艺,对厨师行当的理解也非同寻常,终于造就了顺兴楼的美食天堂。

顺兴楼经营有方,名气在外,引有心者观摩。这有心者是谁?梁实秋《酒中八仙》有文:"厚德福是新开的,只因北平厚德福饭庄老掌柜陈莲堂先生听我说起青岛市面不错,才派了他的长子陈景裕和他的高徒梁西臣来青岛开分号。我记得,我们去勘察市面,顺便在顺兴楼午餐,伙计看到我引来两位生客,一身油腻,面带浓厚的生意人的气息,心里就已起疑。梁西臣点菜,不假思索一口气点了四菜一汤,炒辣子鸡(去骨)、炸肫(去里儿)、清炒虾仁……伙计登时感到来了行家,立即请掌柜上楼应

酬,恭恭敬敬地问:'请问二位宝号是在哪里?'我们乃以实告。从此两家饭馆被公认为是当地巨擘,不分瑜亮。"

梁实秋与顺兴楼

浅浅掠过的幻影密密织出的梦境
都在游子回忆的顺兴楼的菜点中衔接起来
齿舌间流露的不仅仅是鲜鲜的美味
分明是与大陆亲密接触的盈盈感受

他仿佛看到豪爽的山东大汉
从鲁菜系的根部拔出的壮气
拼命体会着味的酸甜苦辣咸
如虔诚的心咬合着春意

他湿润的瞳孔里密藏着思念
那一诗一画一叶扁舟的意境
都在小小的青花瓷碗中浮现
如隔海大陆的乳汁源源不断

从凉拌的风中
他俯视顺兴楼的世事沧桑

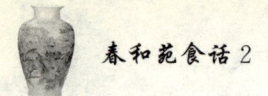

那冷冷的愁绪
又如海潮把他推到了大陆的彼岸

任想象的精灵戴上翅翼
把赤橙黄绿青蓝紫的色彩
统统涂满在
烧、烤、炸、烹、汆、焖、蒸、煮中

不由人的思乡情绪
涌起了一波又一波的无奈
无奈又随着浪潮飘飘远去
变成了记忆中顺兴楼的道道名菜让人无法忘怀

也许
鲁菜特有的滋味诠释了游子情感的定义
也许
不同滋味的相互交融唤醒了游子的味觉细胞
也许
油油的柔光淡淡的素菜最能打动向往的心情

顺兴楼的回忆啊
哪一道不是游子心中怀念的秀色可餐

靓丽的鲁菜品味
是给他点点慰藉的奢望
他晚年的泪水常常落在回忆青岛顺兴楼的梦中

鲜美的鲁菜啊难敌的丽质
请给游子一点安抚
他不需要珠宝的闪亮
他只求一丝安慰
只有你能给啊——情感的顺兴楼

你汇出精神之美的朵朵奇葩
如奔腾潮汐的召唤
让人返璞归真
让人无法躲闪
让富于力度的浪花拍击游子思乡飞翔的长吟

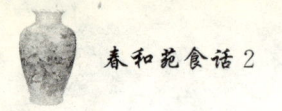

燕 窝

《中华饮食文库》一书载,慈禧寿席如下:

火锅二品:猪肉丝炒菠菜,野意酸菜。
大碗菜四品:燕窝万字红白鸭丝,燕窝年字三鲜肥鸡,燕窝如字八仙鸭子,燕窝意字什锦鸡丝。
中碗菜四品:燕窝鸭条,鲜虾丸子,烩鸭腰,熘海参。
碟菜六品:燕窝炒炉鸭丝,鸡泥萝卜酱,肉丝炒翅丝,酱鸭子,咸菜炒茭白,肉丝炒鸡蛋。

饽饽等辅菜(略)。

这是咸丰11年慈禧27岁生日寿宴菜单。这一年适逢咸丰热河病故的大丧年,举国上下不能举办大庆活动和大摆筵席。慈禧一个较为简单的寿宴,十几道菜肴中燕窝菜肴竟然六个。一个"国家第一人"如此看重燕窝,可见燕窝的身价,也可明白慈禧是燕窝铁杆的粉丝。这一点不假。史料记载,慈禧每有大宴,必有燕窝菜肴。她60大寿时,孔令贻(孔子76代孙)曾携妻带母晋京祝寿,进奉两桌寿宴,其四品燕窝大碗菜嵌"万寿无疆"四字。这是投其所好地让慈禧高兴。当然,了解清宫史料

燕窝

的人知道,慈禧并不是喜爱燕窝皇族中的第一人,在她之前的乾隆对燕窝也不差情,几次下江南,每日清晨必空腹吃冰糖燕窝粥。有这些人推波助澜,燕窝不火才怪。我国清代始,除了皇宫大宴,地方官府和诸大菜系中,也推燕窝为无上珍品,并且讲究得很,清代《清稗类钞》一书有记。《红楼梦》等文学作品中,为了显示豪门大家族气派,动不动燕窝侍候。清代裕瑞就曾批评《红楼梦》"写食品处处不离燕窝,未免俗气"。但没有办法,尽管燕窝一物如袁枚所言:"海参、燕窝庸陋之人也,全无性情,寄人篱下。"

自明初享年106岁的海宁寿星贾铭将献给明太祖朱元璋的养生食书《饮食须知》中列入燕窝,它便势不可当。为何?《粤录》一书有"香有龙涎,菜有燕窝"一说。袁枚《随园食单》:"燕窝贵物,原不轻用……此物至清,不可以油腻杂之;此物至文,不以武物串之。"《本草纲目拾遗》、《本经逢源》、《本草求真》、《养生随笔》等医书的观点:它味甘平,入肺、胃、肾经,可养阴润燥,益气补中,有治虚损痨瘵(zhài)、咳喘咯血、久痢久疾、养颜和噎膈反胃等功效,被誉为"清补佳品","食物中之最驯良者"和"药中至平至美之味者"。当然,这些认识都是在人们尚未用科学手段认识到它含有丰富的活性糖蛋白、钙、磷、铁及多种氨基酸之前。因此,国人给它蒙上了种种神秘的色彩。关于燕窝是金丝燕的巢,国人的看法基本一致。而在这海边的小燕子吃什么一问题上,却是仁者见仁,智者见智。据说,从前,在

燕窝出产地的马来西亚和泰国,人们称这种小燕子为食凤鸟,因为人们从未看到它吃什么。《暑窗臆说》有金丝燕吃蚕螺一说:"海商云,海际沙洲生蚕螺,臂有两肋,坚洁而白,海燕啄食,肉化而肋不化,随津液吐出,结为小窝。"《闽小记》一书有吃鱼一说:"余在漳南询之海上人,皆云燕衔小鱼,粘之于石,久而成窝。"《粤录》一书有吃海粉一说:"海边石上有海粉,积结如苔,燕啄食之,吐出为窝。"《清稗类钞》有金丝燕吃萍草一说:"某年,泰西某博士亲至有燕窝之海岛验之,见其窝皆在悬崖峭壁,细心研考,始燕窝之质料,乃取海边之萍类粘结而成。"诸种说法,谁对谁错,没人评判,都是历史的原因造成的。我们现在可以依赖科学手段,知道金丝燕喜食纤细海藻和小鱼虾,而筑成巢的关键是喉咙中特别的唾液。事情没有解决,对它的神秘感也没有结束。《暑窗臆说》,"衔飞渡海,倦则栖其上",燕窝有海上救生艇的功能。作者真是"臆说"。大概此公没见过风大浪高的海,但他的说法却不孤。《闽小记》:"盖海燕所筑,衔之飞渡海中,翮(hé)力倦则掷置海面,浮之若杯,身坐其中,久之复衔以飞,多为海风吹泊山澳。"美食家周亮工也干以讹传讹的事。另一位美食家续写佳片。梁章钜《浪迹丛谈》记:采摘燕窝的船上驯养着专门的小猿。小猿攀崖取燕窝,苦于得不到食物,好几天才往返一次。为了提高工作效率,商人们就让小猿背上一个装有瓜果面饼的布袋。笨拙的小猿到达目的地后取不回几片燕窝,因为布袋被果实类食物占有。聪明的小猿总把食物倒在岩洞里,摘取的燕窝装满袋子,往返数次,又不至挨

燕 窝

饿。主人收获颇丰。这样的小猿的身价高出一般小猿的几倍。只是这佳片之场景当年的梁章钜并没有目睹,而是听"吾乡许青岩方伯松佶云"。

海燕无家苦,争衔白小鱼。却供人采食,未卜汝安居。味入金齑(jī)美,巢营玉垒虚。大官求远物,早献林上书。

这是清人吴梅村的《燕窝》诗。诗作不掩对金丝燕的爱与同情和社会现象。我们对金丝燕就是有点狠。燕窝是金丝燕的家呀,是它避风雨和传宗接代的地方。我们却把它抄了,并且连抄三次,让它付出了血的代价。燕窝虽是好东西,但要将它变成美味佳肴,不是如地瓜、蛤蜊样放入锅中用水一煮便成,干货涨发是重中之重。燕窝放入容器中,倒入开水,盖严泡至回软,捞入另一清水碗,用镊子小心地摘毛,除尽杂质,撕开洗净。另换清水泡上,便为待烹的半成品。使用时,盛器中加入食用碱,用开水冲溶(三钱干燕窝用开水一斤半、碱六分为宜),泡入燕窝,加盖焖二三分钟,取出,再放入开水盖好,待涨发至数量上增了三倍左右,手感柔滑不发硬为准,取出,放入清水中漂去碱分,倒入干净漏勺控净水分,便可入烹。

燕窝菜肴尽管繁多,惯常采用清汤燕窝和冰糖燕窝。《调鼎集》"清汤燕窝":"衬鸡脯、火腿片、鸽蛋、野鸡片、核桃仁、火腿肥膘、去骨面条鱼、鸭舌、鸭肾、连鱼拖肚。"这哪能体现袁枚先生主张的"以柔配柔,以清入清,重用鸡汁、蘑菇汁而已"的原则呢？鲁菜系的清汤燕菜做法为：发制好的燕窝放入碗内。勺内加入高汤，加盐、味精烧开,打去浮沫,浇入盛燕窝的碗中,撒上火腿丝、细香菜段,淋上鸡油即可。冰糖燕窝做法为：发好的燕窝放入碗内。勺内加入清水,加入冰糖屑溶化,打去浮沫,也浇入燕窝碗中,撒上山楂糕丝、细香菜段便成。

燕　　窝

一道闪电
我安然不动
我是用生命唾液粘在悬崖峭壁上的燕窝
如一只白色半透明的杯子
似一个半圆形轮廓的爱心

我是一只金丝燕
上苍垂青我
赋予我生存的权利
赞美我俯冲海面叼鱼的壮举

繁衍后代的圣灯
以爱的名誉点燃

燕窝

它是我信仰的希望

是谁把我命运的伞从天落地
如同狂风的撕咬
我的家园被黑手拆掉
让我如何哺育幼小的子女

上苍为何给我这样的命运
我的心境被乌云压得喘不过气
怨谁
是不是自己本就不该降生

我注视着大海
我盘旋于高山
我战栗地噙着泪水
我的唾液是控诉的语言
我的恐惧一步步逼近
似无情的鞭子抽在心里

绝望
如期而至
没有商量的余地

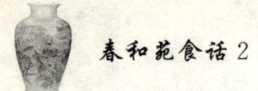

哭喊也没有了退路
只有用吐血的代价把被拆的家园重新搭建

那在餐桌上谈论慈爱的嘴
请你闭上休息休息
你可知
我带血的燕窝的含义

我不想向谁求救什么
即使博得同情又有何意义
家族的延续岂容我哭哭啼啼

我的唾液
我的灵魂
我不计回报的付出
已得到上苍的宽恕
我奋斗的精神顺应天意

鱼翅

鱼　翅

从没听说人吃鸟的翅,但鱼的翅国人吃定了,并且背翅、胸翅、尾翅皆不放过。

这鱼的翅也该吃,上面没有打死也不吃的羽毛,那些带沙的青色的有些吓人的外皮却裹着可爱的肉与软骨的联合体。我们要吃的是中间略粗、两端尖细的软骨条,即所谓的"鱼翅",而不是肉。我们依据部位又把它分背翅、胸翅和尾翅。背翅像劈波斩浪的刀,所以也叫劈刀、背劈刀和顶沙翅。胸翅大,有鸟翼的意思,翼翅和大骨翅是它的别称。尾翅,实话实说,鱼的尾巴而已,钩尾与钩翅的俗称给了它。这些不同部位的翅,品质上孰优孰劣?翅丝多又粗壮整齐的背翅最佳,胸翅次之,尾翅永远是尾巴。当然,这鱼翅是海洋软骨类鲨、鳐和银鲛鱼的鳍。谁都知道,茫茫大洋中,鲨有若干种,鳐和银鲛鱼有几大类,以上的划分难以面面俱到,鱼翅之下,只是笼而统之。海洋中的鲨鱼和银鲛鱼有海中魔王的称呼。关于鳐,《本草拾遗》载:"尾刺人者,有大毒,生南海,有肉翅,刺在尾口逢物以尾拨之,食其肉而去其刺。"也不是个善茬子!"子非鱼,安知鱼之乐?"我们不知诸位在海洋中遨游时是不是有翱翔天空的鸟类的感受。不过,凶也好,翔也罢,都没逃脱国人早早地盯上它们的食欲的

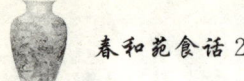

眼睛。这样的事起码始于宋代。《宋会要》一书记有福建输入海外鱼翅的事情。至于去向谁家,如何烹制,书中没有交代。到了明代,国人吃鱼翅已很在行。明代《潜确类书》有这样的文字:"湖鲨青色,背上有沙鳍,泡去外皮,有丝作脍,莹若银丝。"成书于明代万历年间的《金瓶梅词话》55回,蔡京官邸中的管家在招待西门庆时说:"都是珍馐美味,燕窝、鱼翅绝好下饭,只是没有龙肝凤髓。"鱼翅不是绝好的美味佳肴是啥!清代,鱼翅之风光更是不可阻挡。《本草纲目拾遗》、《调鼎集》、《随园食单》、《清稗类钞》等书将之宣扬得美好至极,更有宫廷大宴、孔府家宴、官府菜上实实在在的大面子。它与燕窝、鲍鱼、海参、鱼肚、鸡鸭等等的唱和,更使自己在烹调的应用上有了广泛的发展,直至如今。沈宏非《写食主义》:"作为满汉全席的'海八珍'之一,翅馔(zhuàn)是中华料理的巅峰之作,也一直是富贵的象征。"哪个敢小看鱼翅!

富贵是鱼翅的附加值,是后天人为造成。之所以如此,我看因由有四:一、营养丰富之传说;二、无味;三、口感特佳;四、缺者为贵。

鱼翅的营养丰富之说,是在过去无科学依据的前提下出现的。如今的营养分析报告,鱼翅中蛋白质占83.5%,脂肪占0.3%,属高蛋白低脂肪食品,符合当今的养生理念。但是,谁会想到,它缺少色氨酸。从营养价值上看,鱼翅蛋白的营养价值

鱼翅

并不高。按照中医的眼光,《本草纲目拾遗》认为它味甘、性平、可补五脏、清疾、益气开胃,没有大补的特效。它营养丰富的传说是瞎扯。鱼翅的无味尽人皆知。袁枚又言:"海参、燕窝庸陋之人也,全无性情,寄人篱下。"鱼翅也如此。当然,刚从鳍上剔取下来的鱼翅并不是一点味也没有,有一点点腥臊。经过葱、姜、料酒、高汤的一次次蒸煮,那点异味已经消失殆尽。就是因为它的无味,我们便可在其身上画最好最美的图画,此便是"使之味出,使之味入"的烹饪之道。好的鱼翅菜肴全凭鸡、鸭、猪骨、干贝、火腿等的建功立业。汤醇浓,所以鱼翅好味道。鱼翅口感特佳,一条条鱼翅膨胀到恰到好处时咬上去有软软的弹牙的感觉,这样的吸足了口味的鱼翅的妙处可想而知。鱼翅缺者为贵的道理毋庸赘述。鱼翅因具有美食学意义而得祸。在鲨鱼们被我们追杀得成为濒临灭绝的野生动物的今天,缺者为贵有了另一种含义。

烹制鱼翅菜肴的关键是干料的涨法,它是一道技术含量高的复杂工序。鱼翅剪边后,用冷水泡软,再用沸水煮焖,待能褪沙时取出褪沙,剔除腐肉,洗净后蒸一小时,再换清水漂洗,放入盛器中,加入清水、老母鸡、猪骨、葱、姜、料酒入笼蒸烂而成。此类鱼翅都是待烹的半成品。发鱼翅还有注意事项:一、先将干货分大小、老嫩,以便分别掌握火候;二、忌用铁器,铁器会使鱼翅起化学反应,生黄色斑点,影响质量;三、发好的鱼翅不能在水中浸泡过久,否则易发臭变质。只有这些事情做得万无一

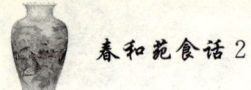

失,经过十几个小时耐心细致地处置,才能烹制出美味可口的鱼翅佳肴。

袁枚《随园食单》:"若海参触鼻,鱼翅跳盘,便成笑话。"这里袁先生笑话鱼翅发制的不到火候。这样的鱼翅,烹调技术再佳也是白搭。若硬烹调,说明此人对鱼翅的了解不够。袁先生的话题,清代另一位美食家梁章钜《浪迹丛谈》接招:"《随园食单》言海参、鱼翅皆难烂,大凡明日请客,须先一日煨之,方能融洽柔腻。若海参触鼻,鱼翅跳盘,便成笑话。可谓言之透彻。忆官山左时,有幕客赴席回,余戏问:'肴馔如何?'客笑曰:'海参图托拒捕,鱼翅扎伤事主,合座为之轩渠不已。'"火候一过也是败笔。梁实秋《雅舍谈吃》:"火候不足则不烂,火候足可又怕缩成一团。"如果化掉了或者勾芡过大黏糊糊的一摊!所以,鱼翅菜肴很能考验一个厨师的烹饪技艺。

鱼翅扒、烧、烩、炖等均成,菜式、菜品也多。国内诸大菜系和官府菜中都有代表作,但名气大者当属上个世纪二三十年代的北京谭家鱼翅。谭家鱼翅是清末官僚谭宗浚家宴中的上乘之作。谭氏为广东人,他与儿子谭瑑青刻意饮食,以重金礼聘京师名厨,由其指导,在广东菜和北京菜的基础上自成一派。后革命军兴,家境每况愈下,日常生活都成了问题。谭瑑青却难忘鱼翅之美,于是让喜爱谭家鱼翅的亲朋好友凑份子,办了一个以鱼翅为主角,定时举办,让三姨太赵荔凤亲自掌灶施展绝技的鱼翅会。会上,黄焖鱼翅、蟹黄鱼翅、三丝鱼翅、砂锅鱼翅等十几种鱼翅菜肴轮番上阵,可谓鱼翅佳肴大荟萃;其中黄焖鱼翅最受欢迎。梁实秋《雅舍谈吃》:"鱼翅确实是做得出色,大盘子,盛得满,味浓而不见配料,而且煨得酥烂无比。当时的价钱是百元一桌。"席间讲究多,每次还得给谭瑑青留位子。而参加鱼翅会的大都是当时的文人雅士和社会名流,并且提前预约,人不多不少整10位,场面上真可谓"谈笑有鸿儒"。谭瑑青还写得一手好词,他的《绛都春·分咏京师词人弟宅,得黄仲则法源寺寓舍》:"宣南绀宇,问词客有灵,琴书曾驻。咏罢恼花,歌哭当年,朝昏度。斋廊倚松经幢古,喜蒲褐,春分邻树。带诗呈佛,呼尊选客,倦游情愫。何处,茶烟病榻,旧巢试认觅,百年尘土。一句悔存,愁写乌丝愁心句。登楼日日春流去,欢后语,谁人能赋,牡丹阑外斜阳,断钟又暮。"有这样的主人和食客,鱼翅岂止是鱼翅本身!可惜抗战前几年,因种种原因谭家的雅聚不能维持。1943年,谭瑑青死于高血压。赵荔凤也因患乳腺癌1946年去世。1949年后,谭家的几位厨师离开谭家庄,在果子巷租房经营谭家菜,后又迁往西单承恩居,1958年加入北京饭店。

鱼 翅

我从《宋会要》里游过千年
桩桩斗富攀比的猎奇代代上演

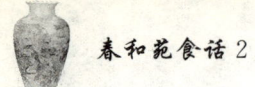

东施效颦的故事用醋串成
如粉丝样的容貌也能与萝卜混为一谈
瞒天过海的花样多多益善
却为何充耳不闻我伤心的泣叹

起伏的碧波伴着细语的沉寂
仿佛怀念的轻音回响在大自然赐予的完整里
凄凄的声波
切切的哀怨
难道芸芸大千世界都丧失了听力

风暴怒潮偷袭我的肉体
贪念的人儿又把我的鳍摘取
其实都明白
无味的我要靠鸡汤、火腿的鲜美来提升

没有慈悲心肠关注我的命运
何必向谁诉苦哀求
这颗心只能守住纯真的翅翼
我的魂魄
不惧苦痛、消瘦、忧郁

鱼 翅

不管今朝的漠漠明日的冷冷
我的情继续长足远行
我与暮星对话
月儿是我愁卧的图画
我用声呐击磬
天籁的圣乐会让人驻足聆听

试问
哪儿是我探索知音的乐坛
谁肯向我启示做事的金点
谁又是开启心灵之门的哲人
是不是
他们只会调频音调的高低却不会授耳于人

我用梦想的爱缠着光阴
天边的福音会飘出一片彩云
从新认识的筹码层层增高
我的烦恼会消失在未来的海底

我的游姿
我的憧憬
我生存的光明

果子狸

李纲《客有馈玉面狸者戏赋此诗》：

山林冬暖草未衰，深岩穴处狸正肥。丰茸斑氄(cuì)面妆玉，摇曳修尾髦如牦。夜行昼伏彼何罪，失身终堕网与机。庖(páo)厨须尔充口腹，几欲断尾同牺鸡。蒸炊包裹付糟滓(zǐ)，酥香玉软丰肤肌。霜刀缕切腻且滑，犀箸厌饫良珍奇。狸唇熊白不足数，披絮黄雀空多脂。樽前风味乃如许，为尔倒尽黄金卮(zhī)。

诗作以轻松活泼的笔触很到位地描绘了果子狸的生长环境、长相、生活状态和刀俎(zǔ)之下呈现的美食学意义。此诗的作者李纲，宋政和二年进士，累官至太常少卿。靖康元年，金兵侵京，李纲力主抗战，但因遭排挤被罢官。高宗即位，李纲任相70余日。就是这么一位主战有爱国心的人士，对果子狸也情有独钟。

果子狸，又名牛尾狸、玉面狸、花面狸、白额灵猫等，属哺乳纲食肉目灵猫科动物。我国大部地区有分布，以广西、甘肃等地为多。虽是食肉目,鸟、蛇、蛙、鼠尽收,却是如爱美的美眉样爱吃水果。看它窈窕的身段,花色漂亮的皮毛,优雅的举止,爱整洁的习性,谁道不是动物族群中的美眉!更特别的是,它捡足了文人雅士的溢美之词,尽管字里行间磨刀霍霍,食欲躁动,醉翁之意不在酒。苏轼写有"殷勤送去烦纤手,为我磨刀削玉肌"的诗句;虞俦有"端的为渠添酒兴,红颜相映玉肤肌";周必大除了"愧无纤手色倾国,压糟磨刀走臧获"的诗句,还因果子狸与人和诗三五首。

那么,是我国的诗人,尤其是宋代的诗人愿与果子狸"缠缠绵绵蝴蝶飞"吗?非也。其实,国人与果子狸打交道很有历史。考古发现,北京周口店山顶洞人遗址中就有果子狸化石,这是果子狸成为人类老祖宗狩猎对象的物证。《礼记·内则》有"狸去正脊"四字,此文字可证明3000年前国人吃果子狸已很在行。因为兽类野味脊背部位有异味,非除掉不可。唐代《食疗本草》上说果子狸"作羹臛(huò)食之"可治痔疮;《烧尾食单》上更有"封狸肉夹脂"菜肴一款,任尚书左仆射的韦巨源先生拿它献食皇上。宋代以苏轼为代表的文人雅士留给后人的不少吟咏果子狸的诗作和趣闻轶事,可证明当时已将果子狸美食主义搞得轰轰烈烈。奇怪的是,这些人中,如苏轼、李纲、朱松等大都是宋代抗金的主战派,与当时的皇朝不太对付。"南山白额正横行"、"物生甚美世所忌,吹息雪中成祸胎"这样的诗句,是看着秦桧不顺眼的司勋吏部郎朱松《牛尾狸二首》诗作中表露的心迹。诗言志,诗人们有没有言外之意,有待于有心者研究。当然,这些人有果子狸写食主义的情结,而没担当司厨之职。国人关于果子狸具体详尽的烹制方法,当推宋代林洪《山家清供》:"去皮,取肠腑。用纸揩净,以清酒净洗,入椒、葱、茴、萝于其内,缝密,蒸熟。去料物,压,隔宿,薄切如玉。雪天炉畔,论诗把酒,真奇物也。故东坡有雪天牛尾之咏。或纸裹糟一宿尤佳……"之后,明代《宋氏养生部》,清代《随园食单》、《调鼎集》、《南越笔记》、《红楼梦》等烹饪及文学著作中展示了果子狸的烹饪美食学。

果子狸,依从前的观点,它肉质细嫩,味鲜香而少异味,为野味中之上品。"果子狸"之大名统揽了笋狸、香狸、豹狸、虎狸、猫狸、狗狸等,兜售者也愿拿"果子狸"打马虎眼,有利可图啊!从前人们吃它的理由有四:一、名气;二、猎奇;三、尝鲜;四、营养。其他不用表白,就营养而言,过去的中医认为,它味甘性平,可补中益气,去游风,治痔疮,但至今未见可靠的营养成分报告。

洪丕谟《在广东吃果子狸》:"端上来的红烧果子狸色泽深酱,滋润而有光泽……夹一块细细品尝,果然肉质细嫩中带有微微的咬劲,淡淡的清甜。一种野味特有的香鲜,顿时充盈齿颊。"邹霆《吃不成果子狸的喜悦》:"果子狸鲜美可口,肉嫩而又富有韧性,颇耐咀嚼。并从个人好恶出发评价曰:同为山珍类佳肴,但的确比熊掌好吃,也丝毫不比鹿肉差。"我不如以上二位先生有口福,得尝果子狸之美。作为厨师,我久仰果子狸之大名,可无缘相识。作为鲁菜系厨师,我对果子狸饮食文化总有些牵挂。我知道腐乳扣果子狸、拆烩果子狸、红烧果子狸、果子狸卷等等的现代经典菜肴。我知道擅长野味烹制的广东师傅们每当果子狸在其手,在不被催命的快餐主义逼迫的前提下,最愿用烧酒将果子狸美眉来个"贵妃醉酒",让其酩酊大醉,口吐白沫,尔后一刀割断颈动脉,再进行煺毛、除脏的后续工作,并用热水浸烫时先身后头,不使耳脂溢出影响菜肴的品质。我曾经暗暗羡慕人家身怀绝技衣兜里人民币膨胀的现实,曾经双手痒痒,打算也来个技艺与理念上的穷则思变。然而,2003年春突如其来的SARS风暴用科学证明了传统果子狸"美食学"的不可取。放眼世界,有识之士与组织倡导的保护动物、保护环境和动物的伦理道德等等的这主义那主义,更让国人几千年建立起来的果子狸"美食学"受到了质疑!

也许
我们是被果子狸"美食主义"宠坏的孩子
我们任性

我们希望
每一个时刻

也坐在美食家关照下的餐桌旁潇洒
我们希望
能用灵活的筷子夹起一块块香肉
让一种浪漫又现实的味道
将我们俘虏
不怕嗅到血腥
不怕恶之花
动物的伦理道德与自然法则都抛之脑后
让一切都在厨房里有条不紊地进行
一千个果子狸不止一千个果子狸大宴
我们在希望
在做
在等着
在看
怕不会忽然掉过头去

这一天
SARS 来犯
一切化为泡影
……

我们是一些孩子

果子狸

一些被果子狸"美食主义"宠坏的孩子
我们任性

仙逝的顾城,如你有知,请允我仿你《我是一个任性的孩子》拟几句歪诗!

果子狸

我该称你为果小姐
你长了一个爱吃水果的胃
你需要的是何其少
只是一枚果
昼伏夜行透着媚气
柔顺的嫩毛闪烁出光泽的美丽

我该称你为果小姐
有多少文人雅士表述了对你的钟情
苏东坡:"一樽遥想破愁眉,酒浅欣赏牛尾狸"
更有李纲:"樽前风味乃如许,为尔倒尽黄金卮"

仅是"果小姐"的称呼怎能赞美了你
你是大家闺秀里的纤纤玉女

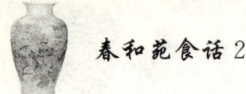

那酥香玉软的肌肤充满了自信
像摇曳在 T 台上的超级名模

国人对你的爱真是特别
迎接你的仪式与道具都是厨房里的用具
一部吃文化推出了作秀的你
用一个"山珍奇异"的高帽遮掩了欲盖弥彰的心机

也许,你明白别有用心的阴霾
SARS 是你终要爆发的怨恨
你也是一个受到伤害的过路者
只是被食客推上了浪尖

也许,你的灵魂出没不停
也许,你与人类命中注定是一对冤家
一个是丛林中的娇子
一个是平原上的智者

那爱与恨
情与仇
在某一天某一刻不期而遇
理解这道题

果子狸

真有天壤之别

或许尊重科学
才能在两者的天平上找到答案
就让所有的语言在此化作孕育
就让科学的大胸怀包容痛苦与恐惧

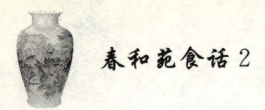

佛跳墙

佛跳墙是福建菜的"首席菜"。这道名闻天下的大菜,不以特别的烹法和什么土著的炊具出奇制胜,而是海参、鱼翅、鲍鱼、干贝、山瑞、猪爪、羊肘等二十几种中高档原料的大杂烩。这大杂烩用鸡汤借绍兴酒坛在三五个小时的慢火煨炖中完成它的使命,使得"坛启荤香飘四邻,佛闻弃禅跳墙来"。

佛跳墙作为福建菜系的经典菜肴,它的诞生,传说有三:一、清光绪时,福建官钱局一官员家中宴请福建布政使周莲,官员夫人烹制的菜肴档次不够,基本是鸡、鸭、羊肉、鸽蛋和几样普通海鲜。之后周莲的家厨郑春发对这些菜肴进行改进,并独资开店,一炮打响。其菜名源自某一文人的诗意大发。二、福建民间媳妇进门试厨风俗之下,一娇惯的不会做菜的女子瞎胡闹时的无意插柳柳成荫。三、一帮丐帮小弟兄的杰作,有一和尚又做了推波助澜的事情。

至于佛跳墙的传说是真是假,无从考证。若论佛跳墙之不差字,拿点白纸黑字的东西,倒是有,并且还有了历史。宋代陈元靓《事林广记》"佛跳墙":"精猪羊肉,沸汤焯过,切作骰子块,以猪羊脂煎,令微熟,别换汁,入酒、醋、椒、杏、醢料煮干,取出焙燥。可久留不败。"

大家知道,《事林广记》是南宋时的一部日用百科全书。此书门类广泛,天文、地理、社会、文学、游艺等无不涉及;在癸集中,收录有较丰富的饮馔资料。此书是研究宋代烹饪史的重要著作。但是,书中的佛跳墙非今日之佛跳墙。菜肴不仅不用绍兴酒坛炖制,更没有海鲜。可恨的是,"醢料煮干,取出焙燥。可久留不败",哪有汤浓料丰热气腾腾的感觉? 那东西分明是一份可以"久留不败"的卤味冷食,真让人大跌眼镜。不过,令人欣慰的是,书的作者陈元靓是福建人,佛跳墙没有落入他人之手。这菜名美妙得很! 梁实秋《佛跳墙》一文:"《读者文摘》引载可叵的一篇短文《佛跳墙》,据她说佛跳墙'那东西说来真罪过,全是荤的,又是猪脚,又是鸡,又是海参、蹄筋,炖成一大锅……这全是广告噱头,说什么这道菜太香了,香得连佛都跳墙去偷吃了。'我相信她的话,是广告噱头,不过佛都跳墙,我也一直的跃跃欲试。"梁实秋的话耐人寻味。谁又知道,清代嘉庆年间,扬州有一用面皮裹韭黄肉丝炸制的春卷。惺庵居士《望江南百调》有"佛跳墙来春饼薄"的诗句。佛跳墙也张三李四。

《醒世恒言·薛录事鱼服证仙》:"人人修善,全在自己心上,不在一张口上。故谚语有云:'佛在心头坐,酒肉腑肠过'……难道吃了这个鱼,便坏了我们为同僚的心?"如今的佛跳墙

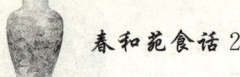

不但没有坏了"同僚的心",同志与朋友的心也安然无恙。那些山珍海味的诱惑力大,佛跳墙的名气也大,有机会跳几下"墙"又有何妨!佛能跳我辈凡人更能跳。最令人苦恼的是,衣兜里钱太少,赝品佛跳墙又太多。

佛跳墙

一坛凡人的吃食
打造着肉与佛、混沌与奇想的哆来咪

夜色将星光洒下
透着清辉
透着灵感
也跳出了佛界
戒律纷纷让位给欲望
跃动
忍受
再跃动
完成一个轮回
瓦解一个约定
奔向一个梦想

佛跳墙

这一跳
见证了人心与佛心
平凡与官位的忍俊不禁

这一跃
照出了深不可测的欲海
怎样将原始的清澈搅浑

在银刀切开黑夜的传说中
打捞月儿游走的尾巴
看渐渐泛白的梦痕
怎样跳出水花泛起红晕

升起亮起的红日
是掀开夜幕一角的微笑
它映在碧波水面的清辉
仿佛告诉人们
什么是
命运
苦恼
压抑
寻找

安详
什么是
牵挂
忧愁
释放
化解
感恩

是否
跳与跃
动与静
意味着人心的价值

也许有人会问
谁能在人生的剧本里把握好排定的角色
谁能从苦涩生活中提炼出真味
谁又日日捧着一颗纯洁的诗心
汇成一坛无比美妙的心语

鳜 鱼

鳜 鱼

我想,可以认为,自唐代张志和《渔歌子》中喊出"桃花流水鳜(guì)鱼肥"后,鳜鱼才势不可挡地名扬国人的餐桌。

这种国内除青藏高原之外,江河湖泊中广有分布,体较高而侧扁,体色黄绿,背部隆起,身上布有不规则的暗棕色斑点和斑块,大口细鳞的硬骨鱼纲鲈型目鮨(yì)科淡水动物,肉质紧实细嫩,少刺,味道鲜美。1972年出土的马王堆汉墓中的鳜鱼遗骨,也说明国人2000多年前就与鳜鱼在餐桌上有缘。不过,汉至唐代几百年的光景,鳜鱼在国人餐桌上的表现也就平平常常。宋代陶谷《清异录·馔羞门》所载唐中宗时期烧尾食单中"治鳜肉"一款以"白龙臛"命名,算是鳜鱼一个不大不小的亮点。可是,谁能抵张志和一句不是广告的广告!

桃花流水鳜鱼肥。一个肥字点准了穴眼。李渔《闲情偶寄》有言:"食鱼者首重在鲜,次则及肥。肥而且鲜,鱼之能事毕矣。"都是没治的事情。何况国人以食为天,何况国人中如晋代张季鹰一样为了故乡的鲈鲙莼羹而弃官还乡的人也挺多,过屠门吃不上肉也要大嚼。

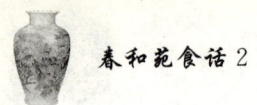

据说,当年的张志和曾在朝中做过政府官员,但因了这样那样的小事突然对做官没了兴趣,隐居江湖,自称烟波钓徒。实际上他的钓意也是姜太公钓鱼愿者上钩。对于这样的人,考证其目的是不是吃鳜鱼,甚至拿鳜鱼去市场上换俩钱,肯定没多大意义。《词林纪事》一书转记,张志和《渔歌子》共有五首;此为第一首。他写《渔歌子》系列,是谒见湖州刺史颜真卿,因船破旧了,请颜真卿帮忙更换,于是诗兴大发。这一发不要紧,却从此伤害了鳜鱼,使之以后的日子里,吃鳜鱼的呼声不仅一浪高过一浪,还文质彬彬。

宋代韦骧《食鳜》诗赞曰,"逾尺秋江鳜,资轻愧自深","调鼎情虽锐,飞刀爱不任",秋天的鳜鱼也不放过。李纲《新开河食鳜鱼戏成》一诗中有"渔舟演样出深浦,舟中鲜鳜肥而臧"、"付庖荐酒择困者,挥刀切玉芼桂姜"的句子。谁不知李纲先生是宋廷中抗金的主将,曾任相70余日。一个宰相不挺国事挺鳜鱼,是别有用心吗?苏东坡《后赤壁赋》中那句"巨口细鳞,状如松江之鲈"似是话里有话;李石《大渡河鱼甚美皆巨口细鳞,鳜也,〈本草〉以鳜为石桂鱼》诗中的"莫将北海金齑鲙(kuài),轻比西江石桂鱼",虽误将南海写成北海,也难掩对鳜鱼急切切的爱;李鱓(shàn)《桂鱼葱姜图》雅中有俗,俗中有雅;边寿民《花卉》图上之文字竟发"不知可是湘江种,也带湘妃泪竹斑"的感叹。这一切,都让历代国人觉得鳜鱼这厮非吃不可。所以,它成了我国四大淡水名鱼之一。

鳜 鱼

鳜鱼时常栖息于静水或缓流的水体中,尤其是水草茂盛的湖泊中。它冬季不太活跃,在深水越冬,春暖花开则游至沿岸浅水觅食,一些小鱼是它的主食。既然吃得不差,它的肉体会含有什么营养?据营养学家分析,每百克鱼肉含蛋白质18.5克,脂肪3.5克,钙79毫克,核黄素0.1毫克,尼克酸1.9毫克;热量109千卡。可以说,它的热量并不高,但营养丰富,还富含抗氧化成分,易于消化,对于贪恋美味想美容又怕肥胖的女士极为有利。传统中医认为它味甘、性平、补气血、益脾胃,尤利于肺结核病人的康复。李时珍《本草纲目》引张杲(gǎo)《医说》记:"越州邵氏女年十八,病劳累年,偶食鳜鱼羹遂愈。"多好的鳜鱼!

鳜鱼特好!那么,如何烹制?红烧、清蒸、炸、炖、熘、制羹等皆脍炙人口。湖南菜的网油叉烧鳜鱼,江苏菜的红烧鳜鱼,安徽菜的火烤鳜鱼,湖北菜的白汁鳜鱼都不坏。得地理之利,江南人烹制鳜鱼得法。鳜鱼佳肴,若论名堂,当推松鼠鳜鱼。活鳜鱼宰杀,除掉内脏,洗净,于胸鳍处切下鱼头,留带鳍的下巴备用。鱼身顺脊背用刀片至尾部(尾巴连着),除去骨刺,成两扇鱼片,每扇再长切四五刀,再斜片成三分宽的坡刀片(均不要切断皮),用少许料酒、精盐略腌,沾上干淀粉(进入缝隙处)。勺内植物油烧至七成热,入鱼头和两片翻卷的翘起的鱼尾的鱼肉反复炸至金黄色,捞起,装入盘中,让下巴处鱼鳍朝上与鱼肉拼成松鼠形,并在下巴适当的位置上将切割的红樱

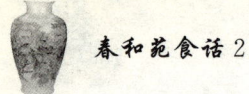

株用牙签别着点缀上两只眼睛。勺内底油烧热,葱姜蒜末爆锅,加上冬菇、冬笋、火腿丁、青豆一炒,加入适量高汤、酱油、番茄酱、白糖、醋烧开,用湿淀粉勾溜芡,浇在鱼形上即成。

松鼠鳜鱼,是鳜鱼却以可爱的松鼠之姿呈现,意味悠长,意像得很。苏菜最擅长松鼠鳜鱼。若对此菜追根溯源,有人说早先的江苏人用黑鳢(lǐ)鱼做此菜,没多大动静;辛亥革命时,南京清真馆马祥兴家改用鳜鱼,从此一炮打响。也有传说乾隆下江南时,曾微服到苏州松鹤楼菜馆,厨师用出骨改了花刀的鲤鱼给他做了一款似松鼠的甜酸口菜肴,结果深得乾隆喜爱。之后,为了提高菜肴的档次,店家改鲤鱼为鳜鱼,菜肴更是名扬天下,至今仍是松鹤楼的拿手菜。两个说法哪个准确,不好说。不过,据学者考证,成书于清代乾隆年间的《调鼎集》列"松鼠鱼"如下:"取季鱼,肚皮去皮骨,拖蛋黄炸黄,作松鼠式,油、酱油烧。"季鱼,鳜鱼的别称。酱油烧,明显地与糖醋汁有区别,似是糖醋汁的前身。"松鼠鱼"是"松鼠式"确定无疑。烹饪业之实际,菜肴往往早于书录。松鼠鳜鱼的口味不论,若问创制年月,我看十有八九在清代初期。

鳜　鱼

细鳞大嘴的你要说什么
黑色的斑点记录着什么
是不是静静的水中深处没有妒忌
让宋代李纲望着无边的湖面生出
"安得独钓青茫茫"的意境

星月温情地洒向桃花
花容枕着柔波甜甜入梦
假如思念的邮箱唤不到回应
不如钻进你的口中落个清净

幽幽的细腻窥瞧着凄厉
无缘的情分掌控不住晨曦
新的一天抛弃了愁绪
枉自多情又是何必

谁不愿爱？谁又不想被爱
鱼儿无数次试探秋波的汛期
怎么只有泪珠涟涟

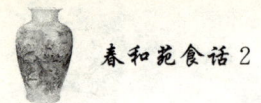

只好无奈地又钻进水去

它羡慕油盐酱醋的生活味道
愿向锅的炽热、水的沸腾看齐
生命的价值不是躲躲藏藏
哪怕来个糖醋也是鱼儿的一点心意

哦
看似平静的湖面
请不要告诉鱼儿
深处暗涌的过去
不得不面对的复杂未来

它在寻找
它在鼓足勇气接近
它在等待有缘人的解答
它变得柔情
它用超脱的姿态追赶着幸福
即使没有回应

它渐渐懂得生活的水
涌起涌落,日夜悠悠
悠悠出多少历史故事,情感起伏的跌宕纵横

寨 花

青岛人称海洋中鱼纲鮨(yì)科动物鲈鱼为寨花。

我们知道,物的名字往往有内涵。寨花,是啥意思？真是不太好懂！《中国烹饪辞典》一书上,青岛人所谓的"寨花",成了"花寨"。书在手中,看它怎么解读。它以"鲈鱼的俗称"解之仍让人一头雾水。好在二者都有一个"花"字,算是与文雅的"花鲈"的叫法结成了同盟。以此鱼青灰的脊身处散布着花花嗒嗒的黑色斑点,"花"似乎有得讲。可是,"寨"字呢？这个字,字典上的意思有三：一、防守用的栅栏；二、旧时驻兵的地方；三、四周有栅栏或围墙的村子。这一二三的说法,与海中的一种鱼有何干系？假如曾有人胶州湾中扎水寨,不知死活的寨花们又私闯水寨,那样,它们也就有可能犯上海大闸蟹的错误,那可是自找倒霉,丢掉性命又让人讥笑。只是这事儿,我也闻所未闻。因了"寨"字的令人费解,我忽然记起了青岛人对于木器中使用的小小的圆圆的木楔和蛤蜊、扇贝类圆圆的闭壳肌部所谓的木寨、寨根云云,那么,我们是不是可以把"寨"与"花"理解为"圆圆的黑色的花",并且这花不是一花独放,而是多花争妍？如果我的猜测没有错,老一辈青岛人对寨花的命名,是以形态为视角,是海边人的情结使然。

鲈鱼叫寨花也好,花鲈、花寨、鲈板、大板也罢,这鱼纲鮨科的可爱的宝贝,特爱胶州湾和青岛近海。它看上去体长而侧扁,一般体长30～40厘米,体重400～1000克左右,当然,也有十几斤的大家伙。口大,下颌长于上颌,吻尖,牙细小。体背侧青灰,腹侧则为灰白,上面散布着黑色斑点;随年龄的增长,斑点会逐渐暗淡。背鳍2个,稍分离;第一背鳍较发达,有12根硬刺;第二背鳍由13根鳍条组成,基部浅黄色;胸鳍黄绿色;尾鳍叉形呈浅褐色。它栖息于河口咸淡水交汇处,也能在淡水中生存。早春在河口地段产卵。性凶猛,以小鱼虾为食,所以生长较快。渔期为春、秋两季,每年的10月至11月为盛渔期。同为寨花,体表肤色上也有差异,有黑白之分,尤其是腹部。胶州湾多见白寨花。若论品质,白寨花为上;再者,两者个头8两左右最好吃。它肉质紧实,味清淡,少刺,纤维虽较粗,但白嫩而鲜美,具有特别的清香。可用于清炖、清蒸、家常、熘鱼片,也是制作菊花鱼、松鼠鱼的可选材料,为宴会常用鱼之一。青岛一带有春鳘(mǐn)秋鲈一说。现代营养学分析报告,每百克寨花鱼肉含蛋白质17.5克,脂肪3.1克,碳水化合物0.4克,还含有不少的钙、磷、铁、铜等;它所含有的核黄素和尼克酸更在其他鱼之上。传统中医认为,它具有补肝肾、益脾胃、化痰止咳的功效,对肝肾不足的人有很好的补益作用,对于手术后的伤口愈合和孕妇的胎动不安、产后少乳等症也有很好的疗效,而且不会造成营

寨花

养过剩和导致肥胖；难能可贵的是，它所含有的铜元素能维持神经系统的正常功能，并参与数种物质代谢的关键酶的功能发挥。

其实，寨花不仅青岛出产，石岛、秦皇岛及舟山群岛等也是它们的栖息地。但相比之下，青岛出产的寨花品质最优，尤其是胶州湾里面出产的。胶州湾是青岛的母亲湾，是太多鱼虾蟹贝得天独厚的家园。寨花也是它的骄傲。

小姑山到彭郎矶，老树含风黄叶飞。何人泊身秋色里，钓得鲈鱼三尺肥。

这是元代张庸《秋水系舟图》题画诗。秋风乍起，的确是钓寨花的好时机。有道是，吃鱼不如钓鱼乐。这活儿不少青岛人甚爱。曾发表于岛城某报上孙同兴的《环海路边钓鲈鱼》这样写道："由于寨花属于上层鱼，其活动范围一般在离水面一米之处，在此垂钓使用串钩最为合适。钓钩也无需太大，因这里钓上来的寨花大都在二两左右……寨花与逛鱼、黑头等鱼的性情极为相似，吃食异常凶猛，往往见钩就吞，上钩后那葫芦漂便会急剧地上下沉浮，且那杆梢也抖动得厉害。由此，在此垂钓也无需专心致志，等那葫芦漂提示后，再摇动滑轮也不迟，绝不会像钓淡水鱼那样，还得讲究个鱼的咬口，还得讲究个杀钓的时机。"文字中看得出，孙先生是个钓寨花的高手，也比看他人钓

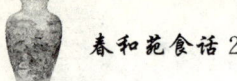

寨花的元代的张大诗人乐多了。听他人说,喜爱写食主义的人个个是馋鬼。不知道当年的张庸是揩别人的油水大吃了一顿,还是"过屠门而大嚼"。

在此,我又记起了宋代范仲淹《江上渔者》一诗:"江上往来人,但爱鲈鱼美。君看一叶舟,出没风波里。"范仲淹不仅赞美了鲈鱼的美,诗也写得美。不过,这里有一点得弄明白,范仲淹所谓的鲈鱼决不是寨花样的海洋鱼纲鮨科动物,而是鱼纲杜父鱼科的鲈鱼。李时珍《本草纲目》:"杜父当作渡父,溪涧小鱼,渡父所食也。"这种鱼体长一般12～20厘米,体重200～350克。头和体前部平扁,向后侧扁而渐细。头大,口大,上颌较长,两颌有绒毛状细齿。两边鳃膜上各有两条橙黄色的斜条纹,状似四鳃外露。这种鱼自古以来是我国的名品,以松江城西秀野桥下的最为有名。《续韵府》:"天下之鲈皆二鳃,唯松江鲈四鳃。"宋代苏东坡《携白酒鲈鱼过詹文君》,元代王恽《食鲈鱼》,赞美的都是此鱼。《三国演义》第68回左慈王宫大宴之上曾拿此鱼戏耍曹操。《世说新语》:"张季鹰辟齐王东曹掾(yuàn),在洛,见秋风起,因思吴中菰(gū)菜羹鲈鱼脍,曰:'人生贵得适意耳,何能羁(jī)宦数千里以要(邀)名爵。'遂命驾便归。"白居易《寄杨六侍郎》:"秋风一筋鲈鱼脍,张翰摇头唤不回。"所以,此鲈鱼非彼鲈鱼。可惜的是,由于种种原因,松江鲈鱼40余年罕见踪迹,让美食家们感慨万千。

青花

鲈 鱼

背上的黑斑
是点点涂抹的过去
朝朝暮暮
都在下颌突出的大口中来来去去

又如滴滴墨水洒向星际
黎明的薄纱披着朦胧飘飘远去
思念的热气裹着回忆
投进翻腾的浪花

苍凉排满细鳞
银灰斜映秋风
生命的轨迹
怎样击水逐浪游来游去

元代王恽《食鲈鱼》的感叹才品一半
益肾补气的美味又让人啧声连连
那一张一合的唇
联结着坚韧与自信

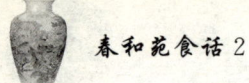

拼命咬合困倦
双眼凝视前方
醉卧在他乡
横梦于衷肠

时间没有脱节眼睑
肌理也无松弛的迹象
断断续续的灯光
为何不能一路明亮

何时琴韵的诗句会传来吃文化的美意
何时不动声色的心像一炷香样圆满一个健康理念
何时能看到晴空碧透、云雾消散的吃食传菜不辍
何时会在茫茫的鱼群中碰到心仪的花瓣

是否
有些感受经过了不需美观
是否
明晰的事物要靠心灵的召唤

卿卿我我
情情切切
却原来也逃不过
煎炸烹氽毅然的了断

鲫 鱼

黄庭坚《谢荣绪惠贶鲜鲫》诗:"偶思暖老庖元鲫,公遣霜鳞贯柳来。蒩臼方看金作屑,鲙盘已见雪成堆。"

鲫鱼,鱼纲鲤科,淡水中的小东西,又名鲋、鲫拐子、刀子鱼等。状似鲤鱼,却无须,个头比鲤鱼小了不少。它虽不是名贵的鱼种,也很早就端上了国人的餐桌。《庄子·外物》上有"涸辙之鲋"的典故,小东西受困于车沟里请求庄周救它。《吕氏春秋》:"鱼之美者:洞庭之鳙。"洞庭湖中的鲫鱼成了伊尹向商汤宣扬美食主义的美味佳肴。

鲫鱼为何一会鲫一会鲋?宋代陆佃《埤雅·释鱼》有这样的说法:"鲫鱼旅行,以相即也,故谓之鲫。以相附也,故谓之鲋。"即、附,相随依靠的意思。鲫鱼的依靠是在旅行的时候发生的。不愿意独来独往的它们有没有相依为命或者相敬如宾?《仪礼·士婚礼》记,古时男女婚礼上必吃鲫鱼,以图夫妇相随之寓意。但东晋时又有"过江之鲫"一说,虽言外之意指当时纷纷投奔江南新建立的东晋王朝的北方名士,是赶时髦的群体行为,可本源还是鲫鱼。人们的赶时髦一旦过时,谁会将热情进行到底！大概鲫鱼愿群聚是遗传基因决定的。不管是在江河还是水库和湖中，不论是深水还是浅水，流水还是静水，30度的高温水还是零度的低温水，即使是pH值挺强的碱性水域，盐度高达4.5‰的达里湖，它们仍来者不拒，茁壮成长没商量。而且，它们背黑腹白，天敌从水上方往下看，由水下往上瞅，同底部的淤泥和上天的鱼肚白混为一体的天然的保护色，多会助它们大难不死。这可爱的小东西！不过，鲫鱼品种挺多，大体分银鲫、黑鲫两品系。两者中银鲫为上。袁枚《随园食单》："鲫鱼先要善买。择其扁身而带白色者，其肉嫩而松；熟后一提，肉即卸骨而下。黑背浑身者，崛强槎丫，鱼中之喇子也，断不可食。"

这小东西的家族兴旺发达，爱它的国人自然受益匪浅。它除了味道的鲜美，据营养家分析报告，每百克鲫鱼肉，热量108千卡，蛋白质13克，脂肪1.1克，碳水化合物3.8克，并含有大量的钙、磷、铁等矿物质。我国传统医学认为，它味甘，性平，健胃利湿，和中补气，通乳等。它所含的蛋白质不仅优秀，而且齐全，易于人体的消化吸收。它对肝肾疾病、心脑血管病、脾胃虚弱、水肿、溃疡、哮喘病和糖尿病患者有极好的滋补食疗作用，对哺育期的产妇作用更佳。

鲫鱼是好东西，不吃真是白搭。据史料，我们的老祖宗多拿它做脍，做羹。宋代郑望《膳夫录》："脍莫先于鲫鱼，鳊鲂鲷鲈次之。"唐代前后，鲫鱼是做脍的首选。杜甫《陪郑广文游何将

鲫 鱼

军山林》中有"鲜鲫银丝脍"的诗句。唐代毛胜《水族加恩簿》中有"以尔鲜于羹,斫(zhuó)清妙"的说法。鲫鱼被毛胜封为"轻薄使银丝省餍(yàn)德郎",以脍的状态定位。脍是什么?肉切细而已。孔子《论语·乡党》:"脍不厌细。"说的就是此物。唐代《提要录法》一书记"鲫鱼脍":"须得鲫之大者,腹间微开小窍,以椒同马芹实其中,每一斤用盐二两,油半两擦窨(xūn)三日,外以法酒渍之,入瓶,用石灰绵盖封之,一月红色可脍。"这实际上交待的是鲫鱼脍的前烹制,要成为真正的脍还得快刀侍候。黄庭坚《谢荣绪惠贶鲜鲫》一诗赞美了鲫鱼脍的美食学。自4000多年前伟大的彭祖以野鸡为材料推出"神州第一羹"至今,羹类菜肴不仅繁多,而且光彩照人,如玉米羹、莲子银耳羹等深受喜爱甜品的美眉欢迎。羹实为汤的一种,是汤中的特立独行者,汤汁浓,原料的汁液黏稠。如今,厨师们多在原料熟之后用湿粉团勾二流芡。"市场经济"加快餐主义盛行的前提下只有如此。对于如此的菜肴,人与人的认识上也有层次。李渔《闲情偶寄·汤》:"汤即羹之别名也。羹之为名,雅而近古……无羹则饭不能下。""子瞻在黄州,好自煮鱼。其法,以鲜鲫鱼或鲤鱼治斫冷水,下入盐常法,以菘(sōng)菜心芼之,仍入浑葱白数茎,不得搅。半熟,入生姜萝卜汁及酒各少许,三物相等,调匀乃下。临熟,入橘皮线,乃食之。其珍食者自知,不尽淡也。"《苏轼文集》告诉我们东坡被贬黄州时曾喜食鲫鱼或鲤鱼羹,并且与朋友共享,境界不凡。他在《书煮鱼羹》中言:"予在东坡,尝亲执枪匕,煮鱼羹以设客,客未尝不称善,意穷约中易为口腹耳!……客皆云:此羹超然有高韵,非世俗庖人所能仿佛。"由此看来,中华民族漫长的历史中,羹菜肴确被看好,鲫鱼羹更是如此,如元代忽思慧《饮膳正要》,倪云林《云林堂饮食制度集》,清代顾仲《养小录》等重要烹饪与养生著作中都有它的影子。鲫鱼,除了做脍,做羹,当然也可烹制其他菜肴,如北魏贾思勰《齐民要术》中的䭑(ān)鱼法与蜜纯煎鱼法,《调鼎集》、《随园食单》中的一大些鲫鱼佳肴。如今的鲫鱼菜肴更是美不胜收,这里不能一一列举。不管怎样,菜肴好吃,又不破坏鲫鱼的营养才是根本。我的经验,鲫鱼菜肴要想做得好,有两点需要注意:一、清洗干净的鲫鱼在下锅前最好再去掉咽喉齿;二、若做汤,鲫鱼应先在热油中两面煎一煎,尔后添汤,大炖,最后再加盐、味精调味。这样做的好处,除了去掉鲫鱼的土腥味,也能使营养成分充分释放到汤中。

传说唐高祖李渊在革命尚未成功时,在一位罗姓的老人家吃了一款以猪肉、蘑菇、鸡蛋、葱、姜等制馅填入鲫鱼肚中,将鱼先煎后烧,慢火煨制而成的荷包鲫鱼,吃得甚是高兴,并长期念念不忘。待皇帝宝座坐定后,李渊不忘罗家曾经给予的口福,重返罗家温习旧梦,答谢罗家,还命名此款菜肴为罗汉鲫鱼,从此此菜肴名扬天下。如此的缘分另一位皇帝就无福享用。《清稗类钞》"无目鲫"条记,乾隆第六次南巡时,于杭州凤凰山宋故宫遗址治行宫,掘地为池,得无目鲫鱼十余条。现场工人拿了几条做成菜肴,谁曾想吃了不多会便上西天了。惊吓之余,其

鲫 鱼

他人将剩下的扔到江中,顷刻间江中流风大作,"有大鱼数十附翼而去,人皆异之,后此池又没为平地矣"。这可怕的比民间传说中的鱼精都厉害的无目鲫鱼,当年的乾隆如上来劲也要吃个稀罕,我想,乾隆之后的清代的历史就会改写。不过,中医认为,人感冒发烧期间不宜多吃鲫鱼;还有,鲫鱼不能和大蒜、猪肝、鸡肉以及中药中的麦冬、厚朴等一同食用。

鲫　鱼

李渊的血管里流淌着感恩的情愫
一款"罗汉鲫鱼"的命名
回响出历史驿站中的回肠荡气
曾经的落魄逃难
曾经的浴血奋战
终在一朝登上了宝座

所有的荣华富贵
都被一个个彻夜不眠的烛光包围
唯独没有忘记的
是那顿救活性命的罗汉鲫鱼

遥想当年

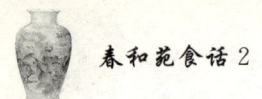

《庄子·外物》中被困的鲫鱼
请求庄周解救它的处境
鱼儿尚有感恩的心肠
为什么
有人大肆渲染的往往欲盖弥彰
稠稠的鱼汤稠稠的不能忘
像波光闪动着原始的慈祥

理解的透彻
是亲密攀岩的高手
命运的跌宕
是和高手融合的音符
轻松
快乐
废墟
荒漠
都在人们的眼前摆开
蜿蜒着
盘绕着
怎样才能用情煮好一碗鲫鱼汤

是不是

鲫 鱼

最美妙的赞歌来自人性善良朴素的情意
是不是
柔弱的恋情最具弹拨的缅怀
是不是
声声高喊头脑退化忘记了过去
都因骨子里就没给它一席之地
是不是
表面与内心
悲伤与遗忘
真心与感恩
能惊动成群的鲫鱼奔向一个游场
是不是
在人们搁浅的命运长河中
会触及灵魂知恩图报的思想

青 鱼

青鱼因体色而得名。不过,在我国,同是体色青黑的鱼,却有淡水青鱼与海水青鱼之别。

淡水青鱼,鱼纲鲤鱼科动物。此鱼依其模样,像草鱼,只是体色上比茶黄的草鱼黑多了;它的嘴部尖,也不似草鱼的圆形嘴。这种鱼原栖息于江河的水底,北方少见;螺蛳是它的主食;生长快,个头大,有的体长可达1米左右;肉厚,多脂,少刺,味道鲜美,是淡水鱼中的上品,我国四大家鱼之一,也是主要淡水鱼养殖品种。

说是青鱼,其实,在国人嘴上,它的名字可不少:鲭、乌鲭、黑鲩(huàn)、青鲩、钢青、黑青、铜青、鳞青、螺蛳青、青棒、乌青鱼等。虽不是什么名贵鱼,但在江南人眼里,也是大受欢迎的一种鱼。它浑身都是宝,无论身体的哪一部分,都能烹制成美味佳肴;也宜于各种烹调方法,适宜多味味型。常见菜肴中的红烧划水、红烧头尾、海参青鱼、菊花青鱼等都响当当。其内脏也很美。洪丕谟先生《鲜肥可口说青鱼》一文:"上海冬季时令菜有'烧秃卷',秃卷就是青鱼肚肠。另外,过去苏州木渎石家

青 鱼

饭店的'青鱼秃肺',吃的嫩而且肥,也很有名。"

青鱼之所以好吃,除了肉厚实、多脂和不差味,据营养学分析,每百克肉,其蛋白质高达 19.5 克,脂肪 5.2 克,并含有大量的维生素和一定量的钙、磷、铁,以及硫胺素、核黄素和尼克酸等。它所含有的硒、碘等微量元素,有抗衰老、抗癌的作用。中医认为其肉味甘,性平,可益气化湿,养胃祛风。王士雄《随息居饮食谱》对其评价颇高:"可鲙、可脯、可醉,古人所谓'五侯鲭'即此。其头尾烹鲜极美,肠脏亦肥美可口……鲊,以盐、糁(sǎn)酝酿而成,俗所谓糟鱼醉鲞(xiǎng)是也,惟青鱼为最美。"

这里所谓的五侯鲭是什么意思?刘歆《西京杂记》载:汉成帝母舅王谭、王根、王立、王商、王逢同时封侯,世称五侯。他们之间却有矛盾,宾客不得往来。后来,一个叫娄护的人备丰盛的酒席,依次在五侯间传食,进行调解,因而博得五侯的欢心,并置办美味佳肴回赠娄护。娄品尝佳肴的同时,融会贯通,集五家之长,烹制出一款天下奇味,称为五侯鲭。所用的主料便是青鱼。杨慎诗赞:"江有青鱼,其色正青,泔(gān)以为酢(cù),曰五侯鲭。"

海中青鱼,学名太平洋鲱鱼,属鱼纲鲱鱼科动物,是一种冷温性结群的海洋上层鱼类。此鱼体形小而侧扁,腹部近圆形;

脊部为蓝色；头、眼中等大；下颌较上颌略长；鳃孔大；个体重量多为 150 克至 200 克。肉质细嫩，肥美，极富油性；雌性大而长的卵块最令人爱。但是，相比之下，此鱼刺多，细小的软刺布满了身体的前半部分。就世界范围而言，这种鱼分布于北美洲和太平洋广大地区。我国主要分布区在黄、渤海。每年 2 至 6 月，它们洄游到我国黄海北部各湾产卵。此时正是传统的捕鱼渔汛期。

青鱼是经济鱼类，鱼群之密集，个体之多，他鱼不能比。据青岛的中国海洋大学有关学者的研究报告，黄海青鱼每 30 年就会出现一次丰产期。这种周期性的丰产，与气候变化和海洋的水温变化密切相关。据 1974 年的记载，其产量为 17.4 万吨，创下了历史的最高纪录。黄海水域的这种情况，据说，可追溯到 16 世纪中叶。传说数百年前，每到丰年的渔汛期，大量的青鱼就会潮水般地涌入黄海北部的文登、荣城海域。荣城寻山镇，爱伦湾岸边有一个名叫青鱼滩的村子，曾经在渔汛期，一村民用竹篮在岸边将青鱼一篮篮捞到墙院内，不用半天院内鱼成堆。像神话吗？有点。但是，当地人很信。清代乾隆刻本的《文登县志》对青鱼有详细的记载。由此可见青鱼与胶东人生活的紧密联系。上个世纪 70 年代，青岛市面上忽然青鱼压市，并且便宜得很。有这样的好事，愿意吃鱼的海边人还能不大嚼？记得当时母亲购得青鱼回家后，除了一小部分趁鲜煎食，大部分像晒地瓜样用细绳穿起来放院子里晾晒，半干不湿时便

青 鱼

分批次地加入葱、姜类入笼蒸食。待熟之后,那咬上去艮(gěn)柔不老的肉香极了。呷一口锅贴的玉米饼子相随,那味道令人叫绝。尤其是它厚实筋道的籽块,弹牙的感受中是清香的一次次味的舞蹈。它的多刺也不要紧,只要用筷子将鱼不费力地横分成两面,那些大多与脊骨连在一起的软细刺就会暴露出来,再用筷子轻轻一提,大功告成。

海中的青鱼也不是名贵的鱼,一般都做家庭吃食。但是,据营养学家分析,它所含蛋白质、脂肪和微量元素都不少,含有的棕榈酸、油酸、二十一碳六烯酸对人的身体大有好处;精巢含有的精蛋白、脱氨核苷酸、精氨酸等,其他鱼少有。中医认为,它补虚利尿,主治肺结核、浮肿,助消化,解荞麦中毒。它的籽腌制加工后是优良的出口品,大受西人欢迎。值得注意的是,由于其腹部脂肪多,纤维质少,容易破肚,造成内脏外溢,所以不耐贮藏,经营者在运销过程中需特别小心。

枕上春莺向晓鸣,故园风物最关情。青鱼白胜西施乳,堪笑河豚浪得名。

此为宋琬《青鱼》诗。宋琬,清初诗人。山东莱阳人。清顺治四年进士,官至四川按察使。此人自幼就有才名,一生写了大量诗词文赋,有30卷的《安雅堂全集》留世。《青鱼》一诗,是诗人康熙11年赴任四川的路途中因思念故乡的方物写成。其

实,诗人还写下了咏胶东蛏(chēng)子、带鱼、黑鲷(diāo)、蛎黄(牡蛎)的诗,并著有文字说明,可见诗人思乡爱乡之心情。《青鱼》的文字如下:"鱼长不盈尺,青脊赤鳃,立春后有之。肉香而松,随筋而脱,骨磔磔(zhé)如猬毛,软不刺口。雌者腹中有子,阔竟体,嚼之有声。雄者白最佳。初入市,价颇昂,既而倾筐不满十钱。海上人用以代饭,谓之鱼粥。"诗人不仅对青鱼情深意切,也了解甚透。

也是清初,在山东淄川,比宋琬晚生了20余年,后来成了短篇小说之王的蒲松龄先生,青鱼之情结又是另一种景象。请看蒲松龄先生的《偶兴》诗:"海棠花卸后,雕梁燕到初。般成三月尽,犹自卖青鱼。"春天海棠花开,燕子到来,大量上市的青鱼自然便宜,这时的蒲先生动了买的念头了。知道否,蒲先生还写有《青鱼行》诗,其中有诗句:"东海青鱼味佳鱼,绝胜江头半尺鲤。江南小鲫差相同,刺硬犹恐鲠喉齿。"既然蒲先生对青鱼也很感冒,为何行动迟迟?谁都知道,食物这东西,尤其是时令的东西,不管是什么,还是先尝为快。不过,让我们还是解读一下他的《青鱼行》中的诗句:"二月初来价腾贵,妄意馋嚼非所暨。三月伦尾才两钱,芳旨无殊价不贵。"原来,蒲先生无钱买青鱼吃呀! 一个50多岁仍靠教书度日的教书匠,能有多少收入! 他的《金菊对芙蓉·甲寅辞灶作》:"到手金钱,如火燎毛,烘然一淬(cuì)完之。"他的五言古诗《寄怀王如水》题注曰:"薄有所蓄,将以偿所负,又为口腹耗去,深愧故人也。"借钱度日的日子

不好过呀,一个满腹经纶、学富五车而怀才不遇的人,这样的日子更是难上加难。这样的日子能够知足常乐,用一种已很大众的鱼打发了事?所以,他在《青鱼行》的最后感慨,"人生丰约何不均?贫家一饱犹未尽,富人弃掷不复陈","何相万钱买食具,犹自云无下箸处"。

青 鱼

找不出撒娇的理由
你只好多些针刺与疾苦抗争
当骤然阴郁的天空向你施威
惶惶悚悚的心必须坚定

你在《增补食疗本草》中补气
又在《随息居饮食谱》里祛风
生活中总有许多伤感
有时眼花缭乱
有时战战兢兢

谁来抚平
谁来给点镇静
没有依靠

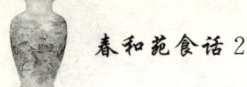

只因你在鱼群中最最普通

你理解大自然中包容的道理
也明白质朴并不等于没有个性
用向往光明的眼睛前行
呼唤着串串透明的水泡如鼓足勇气的信号灯

你可以忘却世俗的偏见
也笑那为巴结一口残汁丑嘴的变形
你无法容忍
来自亲情的寒冷与霜冻

你想流泪
向谁哀求
你想痛哭
听众是谁

悲歌已经谱成
纵使"青衣"加身
也变不成
舞台上耀眼的花旦

青 鱼

没有消息
没有回声
……
只有煎炸和清蒸

索性把自己最后的鱼子掏去
让痛苦告慰痛苦
让勇敢的心奔赴餐厅

那天才自负的豪气
使愚昧后退,龌龊震惊
都因斑斑血迹染红了你的眼睛

崂山会场梭子蟹

崂山会场梭子蟹是海蟹中的明星。自 2002 年会场梭子蟹商标注册成功，2009 年 9 月进入崂山十大特色水产的排行榜，它的名气更是大得不得了。

崂山会场梭子蟹，实际上就是三疣（yóu）梭子蟹，俗称海虫、枪蟹、飞蟹、蝤蛑（yóu móu）等，是众多海蟹中的一种。这种蟹因其背上有三个疣状突起，模样又像织布机上的梭子，故名三疣梭子蟹。我国沿海均有分布，黄、渤海产量较多。崂山会场湾只是此类蟹的产地之一。

会场村，位于崂山王哥庄街道驻地东北方三公里半处。它一面靠山，三面环海，是面积一平方公里的半岛。半岛有南北对峙的两峰，一曰小蓬莱，一曰望海楼。峰不高大，景致却非常美丽，是个仙境一样的地方。每天早晨看太阳从东方的海平面上欢快地跳出，看海平面上洒满的粼粼波光，顷刻间，你会感觉不是神仙胜是神仙了。传说过海的八仙曾到过小蓬莱。小蓬莱山前那座明代万历年间即墨贡生周如锦所建的石坊和紫霞阁，石额上镌刻着"一望海天"四个字，两侧石柱上为李白"我昔

崂山会场梭子蟹

东海上,崂山餐紫霞"的诗句,这气势哪个不为之心潮澎湃!乾隆39年4月,山东巡抚徐绩游崂山,在此曾看到过海市蜃楼,回去之后写了《崂山观日出记》和《崂山道中观海市记》。就是这么一个好地方,村名为何叫会场?据说,早先村民们废物利用的海蛎子的壳烧灰供建筑之用,因而得村名灰厂。后因灰厂二字难听,也没有个村名的味,人心所向渐渐演变成了"会场",会场村也就名有所属了。面向东南的村前的会场湾水深在2米到20米之间,水质清澈,流向稳定,冬夏温差小,又无污染。此处海水常年所含盐分属高盐度,据测定在千分之三十以上。海底以半泥沙质为主,其中生存着大量的贝类。这得天独厚的条件海蟹肯定也喜欢异常,也深深地爱着这水中的美好家园。所以,它在此生活了许多年,使会场湾成为山东半岛南部最主要的特别优良的梭子蟹繁殖与栖息地。

滔滔雪浪拍长天,银汉沧州半接连。为问祖龙桥下水,何时更变作桑田。

此为周至元《崂山志》引黄洎(jì)《小蓬莱望海》诗。诗美,也有气势,只是企图将梭子蟹的美好家园"变作桑田"的想法不好。有了会场湾,才会有会场蟹;有了会场蟹,会场蟹的粉丝们才能在每年秋风乍起时赶赴与尤物的约会,并且对李斗《扬州画舫录》上的那段"蟹自湖至者为湖蟹,自淮至者为淮蟹。淮蟹大而味淡,湖蟹小而味厚,故品蟹者以湖蟹为胜"的论断不以为然,更觉得上个世纪初京师四大名医之一施今墨给天下的蟹划分等级,六个等级中海蟹垫底的做法有些过。蟹,如李渔《闲情偶寄》上所言:"蟹之鲜而肥,甘而腻,白似玉而黄似金,已造色、香、味三者之至极,更无一物可以上之。"所以唐代卢纯称:"四方之味,当许含黄伯第一。"梁实秋《雅舍谈吃》对海蟹的看法为:"海蟹虽然味较差,但个子粗大,肉多。"它也是蟹的一族啊!好的是它的双螯上没有吃起来令人讨厌的绒毛。一方水域养一方尤物。会场梭子蟹不仅个子大,力气也大,腹部亮晶晶,壳硬邦邦,两只蟹钳的前半段可"盘腿"。一斤重的蟹两只大钳伸开,宽度竟有60厘米。肉的纤维并不粗,咬上去肥嘟嘟的,鲜美异常还略带甜味,雌的蟹黄更是"壳凸红脂块块香";腹内几乎无沙。可以说,会场蟹给海蟹重新作了诠释,而在江湖中的蟹或多或少受到水污染的前提下,这种诠释又有了另一层含义。

蟹这厮真是特别。宋代傅肱(gōng)《蟹谱》:"蟹,水虫也,故字从虫,亦鱼属也,故古文从鱼;以其横行,则曰螃蟹;以其行声,则曰'郭索';以其外骨,则曰介士;以其内空,则曰无肠。"傅肱先生对蟹的解读,是不是有些盲人摸象的味道,或者说"解构主义"的意图?《蠡(lí)海集》:"虾与蟹坚在外,离象也。熟而色归赤,离中含阴,阴中不生,故虾蟹之子皆在腹外。"古老的阴阳八卦都用上了。晚唐李贞白的《咏蟹》诗:"蝉眼龟形脚似珠,未曾正面向人趋。如今钉在盘筵上,得似江湖乱走无。"李贞白的

眼中,蟹不仅走相不美,心态也够呛。宋代陈与义《咏蟹》诗中,对蟹子的"横行霸道"还说了点公道的话,请看:"量才不数制鱼额,四海神交顾建康。但见横行疑是躁,不知公子实无肠。"

国人食蟹已有数千年历史了,古老地理书《山海经》中就能找到它的影子。郑玄为《周礼·天官·庖人》中"共祭祀之好羞"作的注中就有"青州之蟹胥"之说法。蟹胥是何物?有关学者的定论:海蟹制作的蟹酱。青州之地位于山东渤海岸边,不用说蟹胥是渤海的海蟹制作而成的,由此可见海蟹在周人眼中的地位。读李白《月下独酌其四》中"蟹螯即金液,糟丘是蓬莱"之诗句,海蟹的味道又向我们扑鼻而来,并且依然是渤海蟹。皮日休《病中有人惠海蟹转寄鲁望》一诗和苏东坡《丁公默送蝤蛑》诗,大家知道,二人一个甘心把海蟹给友人,一个接受友人馈赠的海蟹好喜欢。李时珍《本草纲目》上对海蟹不厌其烦地叙说了一番,赞美蟹性都冷,也无什么毒,作菜肴极佳,拌以姜、醋,边品尝醇酒,边手持蟹爪,咀嚼蟹黄,真是独具风味!他又以医学家的眼光对梭子蟹下了如下的结论:"味咸,性寒,无毒。能解热。煮食,治小腹部肿块。"清代美食家梁章钜《浪迹丛谈》一书上不仅解说了海蟹中梭子蟹和红石夹,还分别配诗赞美其风味。

会场梭子蟹,造物主对你充满了深深的爱。

蟹　子

既是《抱朴子》里慷慨的无肠公子
也是《蟹谱》中横行介士的雅称
八足的移动谁与争雄
从不正面趋步
只把宝藏样的魂埋在壳中

如一个个沉默悠远的故事
似一部部永不宣布的秘笈
用两螯的坚韧
抵御强悍的侵袭

那双会转动的小眼睛能观六路吗
为何没碰到一位真情的知音
当秋风萧萧
美味绝伦的你被人一网打尽

不幸只因肉满
痛苦原是膏腴
谁来可怜你的鲜美

崂山会场梭子蟹

谁又来体谅你的风韵

你超凡脱俗的醇雅
是外刚内柔的士兵
不会献媚
不怕悲痛
只用洁白如雪的嫩肉
展示真心的艳丽

当坚硬的外壳
蒸成红色的亮丽
筵席上传来
敲脚、劈壳、剔黄、夹肉、蘸姜汁的窃窃私语

谁还顾念你的感受
早把你的盔甲卸成碎片
谈古论今在白齿生津的嘴上
历代文人雅士也真是有趣
啖你的肉
赋给你诗

听那"自剥自食为妙"的袁枚之感叹

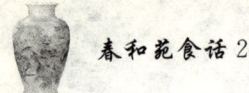

笑看"一手持蟹螯,一手持酒杯"的毕茂世的吃相
更有"独于蟹螯一物一日皆不能忘之"的李笠翁的蟹痴
桩桩件件
沸沸扬扬
怎能让人心平无语

未被强敌斗得头破血流的你
单看走相
无人称颂
到头来还是没有落个善终

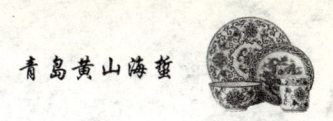

青岛黄山海蜇

青岛黄山海蜇

青岛黄山海蜇远近闻名,不仅畅销北京、上海等大中城市,2009年还进入青岛市有关部门评定的崂山十大特色水产品的排行榜。

黄山社区位于垭口崂山头的旁边,山海相拥,十分美丽。由于地貌原因,社区前的海湾中有一条数公里宽的海流。每年8月前后,便有大量成熟的海蜇随流聚集至此。这个海域也接纳着崂山的山泉水。经过一个雨季的孕育,海水中富含优质的有机微生物。湾中水深,盐度在千分之三十以上。这样得天独厚的条件,自然成为海蜇的天堂,所以海蜇优于其他海区。黄山海蜇口感清脆,味道鲜美,颜色都特别地鲜亮可爱。

每当进入秋季的捕获期,黄山社区的渔民便用长约50米,高20米,网口约20公分大的专门的网具垂直于海流,让自投罗网的海蜇乖乖地束手就擒。有经验的社区渔民又根据每天每时期潮水的不同变化,一天收网三四次。渔民们捕获到海蜇后,不是立马运到岸上,而是在船上将海蜇依据其不同部位分割,盛放在不同的盛器中。所以,蜇中没有泥沙也是黄山海蜇的一大特色。加工海蜇的时候要经三矾三盐六道工序,以便把海蜇中饱含的水分充分地排挤出来,并保持品质的清爽。早先,渔民们腌制的海蜇皆采用传统的先明矾脱水,腌制五六小时再投盐的方法。如今,大都直接切成合适的海蜇条,入大池子里用离水泵脱水,而后加淡水将蜇条里的盐分甩出来,再根据自己的需要进行处理。目前的黄山社区是崂山区唯一的海蜇捕捞加工基地,经验丰富,每年可捕捞加工新鲜海蜇五六百万斤。黄山社区的渔民对海蜇的加工处理已不是海蜇头、海蜇皮老二样,海蜇里子、海蜇爪子、海蜇脑子也已纷纷出笼。

其实,隶属腔肠动物门钵水母纲海蜇科动物的海蜇,我国沿海均有分布。在我国海域,海蜇品种也有数十种,但可捕捞食用的主要还是绵蜇与沙蜇。二者比较,绵蜇质优。这些伞形、半球形的东西,虽没有脊椎,身体却庞大;伞形直径一般30~45厘米,大者也有1米以上的。通体半透明的它们,体色多为青蓝色,也有呈暗红色或黄褐色的;下方口腕处有不少丝状触须,上有密集的刺丝囊,能分泌毒液,以摄取食物。但人类也时常遭到它的伤害,数分钟就会出现触电般刺痛感,继而出现红斑、水肿,甚至表皮坏死,重症者都能搭上性命。当然,这是极个别的情况。海蜇又是暖水性的生物,喜生活在河的附近,但自游能力差,随潮汐、风向和海流而漂浮。它们对光线、海水的盐度敏感,一般风平浪静时,在早晨和傍晚升到海平面,遇暴风雨或太阳光强烈便沉到水的深处。它们以浮游生物和藻类为食。

就是这么一种特别的海生物,国人早早地认识了它。对它的最早记载可见张华的《博物志》,书上这样描写海蜇:"东海有物,状如凝血,广数尺,周正圆,名曰水母,无头目,所处则众虾附之,随其东西南北,可煮食之。"之后,唐代刘恂《岭表录异》记载的更详尽:"水母,广州谓之水母。闽人谓之蛇(zhà),其形乃浑然凝结一物,有淡紫色者,大如覆帽,小者如盌,腹下有物如悬絮,俗谓之足,常有数十虾寄腹下,咂食其涎,浮汎水上,捕者或遇之,即欻(chuā)然而没,乃是虾有所见耳。南中好食之。"

不要认为唯国人是海蜇的知音,这事儿,西人也不差情。亚里士多德《动物志》上这样写道:"水母无壳,全身为肉质,它具有触觉,倘用手碰它,它会抓住你的手⋯⋯你的手会被握肿⋯⋯水母有两属,一属较小而味较佳;另较大而硬。在冬季,水母的肉质是坚实的,因此它们都在这季节被捞取作为食品。"亚里士多德这位先贤够可爱,够浪漫,竟把人手被海蜇蜇伤一事说成"你的手会被握肿"。不过,除此之外,他的想象力还差点火候。我们的老祖宗,不管是张华、刘恂,还是大医学家李时珍,皆把海蜇与小虾的寄生现象看成是小虾的助海蜇为乐。李时珍《本草纲目·海蛇》中说,海蜇没有口、眼和腹胃,它依靠虾来判断外界的动静,虾动它就下沉。并且,对于此事,他引用沈石田的诗作自己同党的咏唱:"生以虾为目,来从水母宫。堆盘疑冻结,停箸便消融。莹洁玻璃白,斑斓玛瑙红。酒边尝此味,牙颊响秋风。"

不知道咬上去"牙颊响秋风"的海蜇是什么时候爱上黄山这片水域,并且与黄山社区,甚至喜爱黄山海蜇的广大食客进行代代相传的美味的交融的。依社区渔民的说法,他们社区捕捞加工海蜇的历史已400年有余。根据学者的研究报告,黄海、东海是食用海蜇的主产区。黄海的海蜇成为重要的海产品,并加工得法,食之有方。有文字记载的当属清代郝懿行的《记海错》,书中有这样的文字:"体如水沫结成,海人采得之,渍以矾下尽其水,形如猪肪或蹙(cù)缩如羊胃……柔之以醯(xī),啖之极肥,可以蜜酒。"谁不知道,郝先生是胶东人,是清初著名的训诂学家,对黄、渤海产方物颇有研究,一部《记海错》名扬天下。自古以来,胶东之地域就包括青岛。青岛菜本就是胶东帮口。在这样的风土人情地理环境相同的前提下,说黄山海蜇是胶东海产方物的代表不为过。所以说,黄山海蜇历史悠久,传授得方,并且对海蜇最有发言权。

早先的青岛人愿拿海蜇用蒜泥与白菜丝、黄瓜丝拌食,味道不错。后来,胶东八大拌之一的老醋蜇头也让青岛人吃得津津有味。前几年,黄山渔家酒家推出海蜇宴,宴席上的海蜇爪

子炖拉瓜、海蜇脑子炒鸡蛋、海蜇里子炖黑头鱼,让食客们更是领略了渔家菜肴的另一种风情。

从前,人们说吃海蜇图的是口感,而没什么营养。如今的营养分析报告,每百克海蜇中含蛋白质12.3克,脂肪0.1克,碳水化合物4克,还有一定量的钙、磷、铁、碘,以及硫胺素、核黄素、尼克酸等。中医认为其味咸,性平,可清热,化痰,消积,润肠。食疗方面,适宜高血压、头昏脑涨、烦热口渴、大便秘结及甲状腺患者和醉酒者。

记得在一本书上看过一个故事,说的是在一户人家任教的老师一开始就跟主人说好生活必须一天素食,一天荤食。结果在海边居住的这家主人每天给他吃海蜇,理由是:海蜇本身就是荤食。老师草鸡,不干了,临走的时候留下打油诗一首:"你认为荤,我认为素。食之无味,嚼之有声。"

海　　蜇

潮汐是你游出的动力
风向的海流完成了漂浮的美意
如伞样的形体裹着诚然的绝妙

你出没在风平浪静的早晨与傍晚

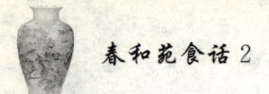

似凉粉的透明泛出颤颤的爽快
诱惑食客们奔赴美味的旅行

在诗韵的品尝中教会人们
如何体验沈石田《食海蜇》的秋风
沿着水流的方向寻找《记海错》的理性

捣一碗辣心的蒜泥
将脆弱的情感淋上无奈的香油
在香菜末、味精的调理中
把酸如痴、苦似傻的等待
拌进还有一丝希望的海蜇里

格嘣脆响的清凉
渲染了欲罢不能的氛围
有喜悦
有伤感
有无奈

什么样的飘逸最能打动情人的心底
什么样的杯子能盛下艰难的序曲
又是什么样的颤抖会接到焦躁的信息

青岛黄山海蜇

不要相信甜言蜜语能唱响一个世纪
生活的辣味才能提醒人们经历不曾有的经历
当漫长的日子从教训的辣中走出
寻觅真谛的期望又把美德唤起

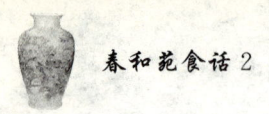

扇 贝

青岛人对扇贝从不陌生。青岛海域是扇贝的理想家园。自从上个世纪70年代末,有扇贝之父之称的中国科学院院士、海洋生物学家张福绥先生人工养育扇贝大获成功,近水楼台先得月的青岛人对于扇贝更是熟之又熟,吃生猛的扇贝真可谓像吃白菜一样地容易了。

为何称为"扇"贝?因为此种海贝的壳面呈扇面状。略懂一点海洋知识的人皆知道,这种隶属软体动物门扇贝科的动物,广泛分布于世界各海域,我国就发现品种40有余,栉(zhì)孔扇贝、长肋日月贝是我国的主要品种。上个世纪的80年代,由于海洋科技人员的辛勤努力,我国又分别从美国和日本引进了海湾扇贝和虾夷扇贝,使我海域出产的品种多了起来。这类东西肉质细嫩,味道鲜美,其身体中发达的闭壳肌的干制品,便是大名鼎鼎的海八珍之一的干贝。

干贝这厮,可谓天下无人不识。我们翻看清代饮食档案,从孔府上品满汉席、孔府常品满汉席上能够发现鸭舌干贝、干贝火锅和鸭掌干贝(《天下第一家衍圣公府食单》);从清代济南

扇贝

燕喜堂鲁式满汉席菜单上能够看到雪花干贝（《中国筵席宴会大典》）；伪满时大连满汉席上又有烩鲜鲍干贝和御府干贝菜心菜肴两款（《中国筵席宴会大典》）；绣球干贝、鸡茸干贝和蒜子干贝更是鲁菜系的名贵菜肴。

干贝是扇贝闭壳肌的干制品，是宴会上的佳品，味道鲜美异常。干品经泡发后便可入烹；适宜多种烹调方法，可制各种菜式。它在一款菜肴当中可当主角，也能当好配角，并且还是制作高汤不可缺少的好东西，故为各菜系广泛采用。据营养成分测定，每百克干贝含蛋白质67.3克，脂肪仅有3克，碳水化合物15克，还有各种维生素及钙、磷等矿物质；其中的牛磺酸、各种氨基酸和高度不饱和脂肪酸对人的身体尤有好处。中医认为干贝性平，味甘咸，具有滋阴、补肾、调中的功效；适宜脾胃虚弱、血气不足、五脏亏损之人食用。现代医学研究报告，干贝有助于降血脂，降胆固醇，还具有破坏癌细胞生长的作用，是一种优良的抗癌食品。干贝的成品以颗粒整齐、坚实饱满、丝体清晰、色黄有光泽、面有白霜者为上品。为了保留菜肴的品质与干贝味道的鲜美，干品涨发一般采用蒸发，去其杂质，清水轻轻捞洗一遍，除掉老筋，然后放入盛器，加入大葱、姜、料酒、少许高汤入笼蒸三四个小时，到用手指一捻能成丝便成。这样便可进入下一步的烹制阶段了。

由于干贝的好名声，多有滥竽充数者。有人把江珧柱、带子、海蚌、车螯肉柱、蛤丁等统统归于干贝的名下。倘若将这些"入伙"者视为干贝中的李鬼，有些冤枉它们。因为它们的模样天生与干贝相似，是煞有介事的双胞胎；更厉害的是，它们个头上比干贝大，看上去很令人喜欢。这都是它们的形体之美。虚一点的，若论名气，如江珧柱，唐代段成式《酉阳杂俎》一书上就有不俗的记载；宋代苏东坡有洋洋六七百字的《江珧柱传》；宋代周必大《周愚卿江西美刘棠仲同赋江珧诗牵强奉答》诗和清代冯登府《湘江静·江珧柱》词皆回肠荡气，也让人食欲大增。江珧一物，按学科划分，属软体动物门江珧科动物。江珧柱便是此物的干制品。《中国烹饪辞典》一书对江珧柱的定性为："俗也称干贝，实非一物。江珧柱肉粗个大，味也稍逊；干贝仅一个柱心，江珧柱有两个柱心。"我什么也不用说了。车螯肉柱，是软体动物门帘蛤科车螯的干制品。关于车螯，它的来头更不小。《周礼》一书上所谓"春献鳖蜃"，那个"蜃"便是此位。曾在周朝登堂入室的车螯来到民间也是文雅得很，梅尧臣《泰州王学士寄车螯蛤蜊》、《永叔请赋车螯》二诗都是为它而作；欧阳修《初食车螯》诗，韩维《又赋京师初食车螯》等，都为车螯的美食主义铺平了道路。有这样的来头，车螯肉柱在人们心中的形象可想而知。其他的如带子、海蚌类，其形象在江南人的眼里也不差。但是，物这厮是以品质论英雄，不怕不识货，就怕货比货。《中国烹饪辞典》对干贝的定论为："俗称'江干'。烹调原料。为扇贝闭壳肌的干制品。筵上佳品。味很鲜美，可鲜用。"中国财政经济出版社1980年版的《副食品商品知识》关于

扇贝

"干贝是什么,怎样食用"部分有这么一段话:"故干贝也属于名贵的海味品,我国辽宁和山东沿海均有生产,产量以长山岛和荣城县最多。质量以荣城干贝最好。"清代有人道:"长岛贝之真品,柔嫩质佳,幽而不洌,啜之淡然,似乎无味,过后有一种太和之气,弥沦齿颗之间,此无味乃至味也。"(《中国烹饪》1993年第5期)梁实秋《雅舍谈吃·干贝》有言:"大的干贝好看,但不一定比小的好吃,小的干贝往往味醇而浓。"

栉孔扇贝,生活在黄海,并且代代相传,干贝是其华丽转身。但是,多少年来,没有文人雅士为它唱赞美诗,它默默无闻,只把真诚的爱奉献给懂它的人。有谁知道,生活在潮间带深处的它,将家安在沙层和细沙砾中;整日只靠身边微小生物和藻类的孢子填充肚子,并且没有能大口吞咽和撕裂食物的嘴巴,靠壳边纤毛摆动进食;说是吃食,实是滤食。所以,它对食物的大小有选择的能力,但对种类却无能为力,全靠运气,如遇不适再由足的腹沟排出体外。它的一生太爱清净,很少搬家,当感到环境不适时才把固定家的足丝脱落,做近距离的小游。不过,这种脾性属于儿时,一旦成年,这种孩子气基本消失。它太专一,只顾整日履行自己的使命,连大退潮时都不顾恋看岸边的模样。看它壳上的红晕,红晕难掩的一条条皱纹和身后伸长的耳朵,我似乎觉着它是等待着与谁的相约!

扇 贝

如一把折扇的外形
你打开了文化内涵的金玉良言
扇贝闭壳肌的宝贝
是给人低脂肪的恩惠

当香菜末点缀着绿意
湿淀粉、香油勾勒出亲密的镜头
构图的巧妙
如徽章陈述历史的熠熠生辉

你是团团翩舞的日升月恒
大海衬你一个圈
你回报世界于意象美、形态美、乐感美中
如一枚枚艺术的宝石

你守住了真挚友情的唯美
灵性的色调是探求文脉吐故纳新的《四个四重奏》
你像一幅名画
诠释了大自然的宏伟

扇 贝

你与豆蟹共生存的绝技
怎不让人叹为观止
没有索取只图共生
不停地与红螺进行斗争

你表现出的丰满
感动了多少食客们的眼睛
像千言万语
魅力四射的水晶玛瑙

大海养育了你
让你的胸怀渐渐变大
世界在圆壳的边缘融进了你的心中
那追求鲜美味道的执着
更让后来人敬重你珍爱生命的永恒

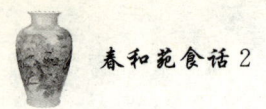

八带蛸

八带蛸（shāo）长短不一的八条腿，看上去确像带子。不过，这是局部视角。整体呢，也似名之为蟢蛸的长脚蜘蛛。八带蛸一名，大有将它的形象和盘托出之意。这是见识了生猛八带蛸的海边青岛人的真知灼见。

其实，这隶属软体动物门章鱼科的小东西，自古至今不止八带蛸一名。早在唐代，韩愈《初南食贻元十八协律》诗上，就称它为章举。之后在中国辽阔的疆域上，它又有章拒、饭蛸、蛸、梧桐花等等的称谓。它的名称五花八门，是仁者见仁、智者见智的结果。青岛人口中的八带蛸，老土却又执着，顺心顺意也顺口，并且青岛人只将称谓给与章鱼中的短蛸，一种体色黄褐、腹部色较淡、体长不超30厘米的小东西。青岛人对大个头的长蛸不感冒，以"马蛸子"作区别。法国科幻小说家儒勒·凡尔纳《海底两万里》中的那些吃人毁船的大家伙更是只停留在虚幻的小说中，口舌中的味蕾神经不会兴奋地搞百米冲刺。

这生长在海洋中的八带蛸，我国沿海均有出产，但黄、渤海最多，品质最优。它是沿岸底栖性种类，多栖息于浅海沙砾或

八带蛸

软泥底以及岩礁处;肉食性,以瓣鳃类和甲壳类为食。春末夏初,喜在螺壳中产卵,秋、冬季进入较深海域度冬。

五十年代初期,我来到山东胶州湾边的胶县……圆圆的光脑袋,八条腿卷在一起,那样子挺怪,但对我这位吃遍天下者来说,岂可弃而不顾?立即抛之入口,细细地品味。第一感是咬下去嫩而脆,脆得几乎不用咀嚼,十分爽适;尔后是味道。大概只用了很少几种调料,实际上是章鱼的本味,略有点腥,突出的是鲜,鲜得深入到舌头里面去了,却并不寡,属于清鲜之类,还有点香,章鱼的特有的香,其味为前所未曾尝过。

此文是已故中国现代烹饪原料学家聂凤乔《难忘的"烫拌短蛸"》一文中的一段。文字难掩聂先生对青岛拌八带蛸的喜爱之情。

八带蛸不是大名鼎鼎的山珍海味,属于海边人能吃到的小海鲜。但它属于章鱼家族。关于章鱼,国人吃它有文字记载的历史也近两千年。《临海水土异物志》一书上说它"肥、食甘美"。唐代刘恂《岭表录异》上告诉我们"以姜醋食之"的姜醋拌法。李时珍《本草纲目》没忘"加盐煮食味道好"。明代大孝子宋诩与他老娘在著名的宋氏厨房中以"宜作羹"定调,章鱼作羹为首选。我敢说,明之后,国人不会少吃章鱼。明之后,懂吃的大美食家一个又一个。可是,翻看烹饪著作和美食家谈吃的专

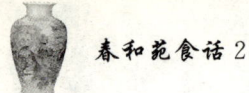

著,我发现,有文字记载的章鱼菜肴却稀罕得不得了。为什么?我不知道。我只知道葱拌八带蛸在青岛一带代代相传,吃它千遍不厌倦。它成了鲁菜小海鲜菜肴中的经典。

山东人嗜大葱没得治。自 2000 多年前齐桓公兵定孤竹一战之后,山东人引种大葱大获成功。山东人葱之嗜好也根深蒂固。在山东人的餐桌上,葱对烹调原料的泛爱有目共睹;而对海参、八带蛸、蹄筋、豆腐等,不仅仅是爱,还是风格与品位的提升。葱拌八带蛸原创,朴素,返璞归真,生命力强盛。拌之法,简单易行。开水下料,三五分钟恰到好处。都是天成的美味,火候到时它自美。葱的赴约是天赐良缘,是情投意合的一对。所以,甜甜蜜蜜你你我我,所以,酱油、味精、香油足矣!适口者珍。

"盼望着,盼望着,东风来了,春天的脚步近了。"随春而来的有温暖湿润的海风,有肥美的八带蛸和香甜的翠绿的小葱……聂凤乔《难忘的"烫拌短蛸"》最后一段:"据说,古希腊、罗马时期,曾用章鱼制烤馅饼;达尔文认为经过捶软后炸成的章鱼味道很好;西班牙和意大利的食谱上有'章鱼炖土豆'、'加馅章鱼圈',韩国人还吃生章鱼,这一切,对我来说大概永远不如'烫拌短蛸'那样的口感!"只可惜聂先生将葱拌误为烫拌。

八带蛸

葱拌八带

你想用"臂"抱住什么
是心底隆起将要爆发的"火山"
还是被你撩起的水花
撩起的宁静
撩起的波涌
在你的瞳中

你卷来伸去的八爪
想爬到爱恋的手上
那致密的吸盘能让情人的心弦
迷乱
颤栗
醉喋

别看圆光光的脑袋不会言语
那灵气的揣测
在章丘大葱的点拨下掠过心田
没有口感的破坏
反在热心香油的伴舞中

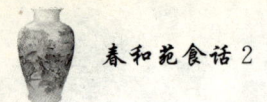

产生质的飞跃

偶尔的陶醉
是在想象引领的空间穿行
仿佛折叠万花筒的指尖
裹住了秘密
裹住了不敢寒暄

那颗不安的心
还得等上多少年
要怎样飘洒晶莹的相思泪
才能叩响心之门的轻盈

为了重新得到被爱
你赴汤蹈火而获得生命的永生
你比谁都懂得爱之路的艰辛
不怕点滴的醋意
提取生活的味精
在平常如盐的日子里
步步为赢

蛎 黄

袁枚《随园食单·蛎黄》:"蛎黄生石子上。壳与石子胶粘不分。剥肉作羹,与蚶、蛤相似。一名鬼眼。乐清、奉化两县土产,别地所无。"

蛎黄是牡蛎的肉。牡蛎,又称蚝、蚵、海蛎子等,生长于海边岩石上和潮间带间。我国南北沿海均有分布。袁枚所谓"乐清、奉化两县土产,别地所无"的说法显然不对,是他此事上的孤陋寡闻。"无"字所指,品种上有出入是对的,牡蛎一物细分,有褶牡蛎、近江牡蛎、长江牡蛎和大连牡蛎。滚滩牡蛎随潮汐滚动,与"生石子上"的牡蛎有性情上的差别。青岛沿海,就我所知,品种不止一二。

对于牡蛎,国人吃它的历史也很久远。《尔雅·释虫》就有它的影子。只是,那时,我们的祖宗们不称它为牡蛎,也不是蛎黄,而是"螪蚵(shāng kē)"、"蜤"(jiè)。这历史迹象,如今只能在福建人称牡蛎为蚵的称呼中找到蛛丝马迹。那时的国人怎么吃它?说不准。因为,至少在我手里,没有太多的史料可供参考。唐、宋时,尽管韩愈与苏东坡算是牡蛎的喜爱者,但是,如果从两人身上寻找烹调的含义,却是"醉翁之意不在酒"。中原出生的韩愈,初到江南什么都好奇,在他眼里牡蛎是"蚝相黏为山,百十各自生"(《初南食贻元十八协律》),对于鲎(hòu)、章鱼和江瑶柱等也是"鲎实如惠文,骨眼相负行","章举马甲柱,斗以怪自呈"。正所谓,会看的看门道,不会看的看热闹,难以深入到食物的审美学。苏东坡海南岛贬谪那场政治皮影戏,当年的他年事已高,连俸禄都难以保证。可是,在他给弟苏辙的信中却以好吃的牡蛎为引子道:"无令中朝士大夫知,恐争谋南徙,以分其味。"对此,明代陆树声《清暑笔谈》有言:"或许东坡此言,以贤君子望人。"酸不?再之后,看《神农本草经》、《名医别录》、《本草图经》、《本草纲目》等医学书对它的热情,可以想象,牡蛎大都履行医疗养生的使命。不过,李时珍《本草纲目》中"南海人以其蛎房砌墙……食其肉谓之蛎黄"的交代,让我们明白蛎黄一说明代就有。蛎黄,具体怎么吃,见于清代。清代始,除了袁枚《随园食单》上的蛎黄羹,还有李调元的腌蛎黄。他在《南越笔记》中有这样的文字:"蚝,咸水所结,其声附石……一房一肉。肉之大小,随其房,色白而含绿粉。生食曰'蚝白',腌之曰'蛎黄',味皆美。"叫法由吃法决定,也挺有趣。

蛎房生海壖(ruán),坚顽宛如石。其中储可欲,虽固必生隙。嵌岩各包藏,碨硪相附积。终逢霹雳手,妙若启扃镝。锻灼谅难堪,竭不吐余沥。南庖富腥盘,岂惟此称特。吞航大绝伦,梯脔(luán)万夫食。针鳞九牛毛,小嚼亦千百。光螺晕紫斑,蜯

蛎 黄

膏湛金色。……纷然均可口,流品当别白。微物倘见知,捐躯不足惜。

上面是刘子翚(huī)《食蛎房》的节选。刘子翚,南宋人,字彦冲。以荫判兴化军,后以父死难,辞归武夷山,讲学度生。有《屏山集》留世。此公也是一个饮食文化的热心人。《食蛎房》描述了牡蛎的生长形态和味道的美好,以及品尝时的乐趣,可谓想象力丰富。此诗是国人咏牡蛎诗文中的佼佼者。

蛎黄,据营养学家分析,脂肪含量少,含有八种人体必需的氨基酸;另含糖元、牛磺酸、谷胱甘酸、维生素 A、B_1、B_2 及微量元素铜、锌、锰、磷、钙、铁等。它的钙的含量接近牛奶的 21 倍。牛磺酸、锌类对人的大脑,尤其对儿童智力的发育极为有利。蛎黄被人们誉为益智海味,不无道理。牛磺酸、锌又可促进胆固醇分解,有助于降低血脂水平。吃蛎黄不但不会增肥,反而减肥。锌的价值又体现在它是男性生殖系统的很重要的成分,对精子质量下降明显的 50 岁以上的中年男性尤为重要。古希腊神话里蛎黄是爱情食物的代表。据测定,蛎黄的含锌量特高,一个成年人每天只吃两三个蛎黄就能提供全天所需的锌。我国传统中医认为蛎黄肉味甘咸,性平,可滋阴养血,治烦热失眠、心神不安、丹毒。只是脾虚精滑者忌食。

蛎黄生食、熟食均可。生食最好是冬季。常言道,凉水蛎黄热水蛤。冬季是蛎黄最肥美的时候。熟食、油炸、制羹、油煎都是不错的选择。山东人钟情油炸,炸蛎黄是鲁菜系至今不衰的经典菜肴。

据说,炸蛎黄一肴源于烟台芝罘岛渔村,明末即有所创。清代之后烟台一带极为盛行,成为宴席中大件菜肴之后的第一菜肴。喜庆婚宴用之最多,甚至把它作为新人成婚后必食的第一食物。为何?蛎黄,胶东人也称蛎子,谐音"利子",假有得子之意。有了这样的含意,新人们能不紧追不舍!何况炸蛎黄成菜后外酥里嫩,色泽金黄,令人胃口大开。烹制上,一粒粒丰满的小东西只要控净水分,什么口味都不用煨,只迅速地裹上一层薄薄的干面粉,立马投入八成热的油中炸制一小会儿,捞起控油,再复炸一两次,便大功告成,简简单单。吃时花椒盐的辅佐又是"天仙配"。再者,热油也能除去蛎黄淡淡的腥气。

蔡澜《蚝》文有这样的文字:"日本人多把蚝煨面粉炸来吃,但生蚝止于煎,一炸就有点暴殄天物的感觉,鲜味流失了很多。"炸蛎黄不仅山东人喜爱,日本人也爱之有加。不过,美食家蔡澜并不看好,在他眼中,"吃蚝,怎么烹调都好,绝对比不上生吃"(《蚝》)。生吃,不仅我不习惯,太多的青岛人也不情愿。其中因由,除了口味嗜好,工业时代的污染对近海岸产品的伤害让人总有些后怕。生食不易消化吸收也是事实。除此之外,若对比蛎黄生食熟吃孰优孰劣,其中滋味我看很似宋代吴曾

蛎 黄

《能改斋漫录》一书上记的苏东坡与李公择二人的食河豚主张：苏东坡"拼命吃河豚"，李公择是"河豚非忠臣孝子所宜食"。有人拿此二位的话来问吴曾。吴曾道："由东坡之言，则可谓知味；由李公择之言，则可谓知义。"都成，出发点不同罢了。

炸蛎黄

有情的糊包裹着倩影
淡黄的色泽是外焦里嫩的喷香
当椒盐甘愿衬出质朴的鲜美
所有的怨恨与蔑视
似突然遗忘的篇章

你的包容
掩藏过多少迁就的无奈
礁石汇聚出攀岩的坚强
没有哭泣
只有骄傲的躯体提供着热量

那一股炽热的胆魄
是席卷海鲜领地的雄风
不惧敲打的壳

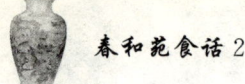

日日浸泡在潮湿的闲言上
在风起云涌的海面
掠过沉睡
带走梦想
把醉意寻访

多么坚强的忍耐
多么美妙的施舍
如温馨的祈求
透过絮语的甜蜜
给破碎的心灵一支安慰的乐曲
似为生命焦渴的心态绘一幅色彩绚丽的图画

只有投入才会冥想
只有激情才能升华

哦
你的姿色
你的陶醉
你的诚实
你的嫩香
食客们张口的瞬间咬合出你成熟的秘藏

东坡肉

明人沈德符《万历野获编》中有如下文字："肉之大胾(zi)不割者,名东坡肉。"

这是国人东坡肉的最早记载。东坡肉,只是大块的肉而已。

关于菜肴,总得有原料、烹饪方法、火候和调配料几要素。东坡肉,以大块肉表示似乎不得要领。所以,沈德符的东坡肉不入《中国烹饪辞典》一书;所以,清代《调鼎集》上的东坡肉才是东坡肉的蓝本。

看《调鼎集》"东坡肉":"肉取方正一块,刮净,切长层约二寸许,下锅小滚后去沫,每一斤下木瓜酒四两(福珍亦可),炒糖包入,半烂加酱油。火候既到,下冰糖数块将汤收干。用山药蒸烂,去皮衬底。肉每斤入大茴三颗。"此东坡肉的肉仍旧大,但却割得方方正正一块块。肉下锅煮开后撇去浮沫,是讲卫生的好习惯,也是事厨的经验之谈。烹调时加木瓜酒、糖色、酱油、大料三颗是调色入味。肉烂熟后再入冰糖又是收汁与最后提色。尔后，盛入熟山药垫底的盛器中便大功告成。此菜的特色，用肉酥烂、色泽红润、味道甜香醇厚而不腻概括不会错。

清代施鸿保《东坡肉》诗："烂煮红烧肉味多，犹传制法自东坡。年来大脔尚能哦，磊块无如满腹多。"

不知道当年的施先生吃的是《调鼎集》上之方法烹制的东坡肉还是其他什么的东坡肉。是，口福不浅。不是，不知又能有如何的感受！令人佩服的是国人假名人命名菜肴是惯用手段。什么原因？广告术中的名人效应。不过，依施先生的说法，他吃的是"犹传制法自东坡"的东坡肉。果真如此，哪来秘方？翻遍东坡文集，我未见东坡有什么眉山食单、黄州食谱。东坡先生一生流离失所，不合时宜，哪有财力物力精力与机会如江宁的袁枚一样，把随园打造成一座佳肴纷呈名扬天下的美食天堂？他的写食主义基本是些抒情寄怀的文学餐桌。如果非得把东坡肉"犹传制法自东坡"，我看，十有八九是施先生也和有人一样附会上了东坡的《猪肉颂》："净洗锅，少着水，柴头罨（yǎn）烟焰不起。待他自熟莫催他，火候足时他自美。黄州好猪肉，价贱如泥土。贵人不肯吃，贫人不解煮。早晨起来打两碗，饱得自家君莫管。"

东坡的一篇《猪肉颂》，后人实的虚的一起来。实际上，他的"东坡肉"只是家常菜肴，谁人也能做。此诗是他被谪黄州拮

东坡肉

据生活的写照。他不吃猪肉谁吃猪肉！应当承认,东坡喜爱猪肉。周紫芝《竹坡诗话》:苏东坡做扬州太守时,常去镇江拜访他的好友金山寺住持僧佛印禅师。佛印每次烧猪肉待他。一次,烧好的猪肉被人偷吃了。东坡戏作小诗一首:"远公沽酒饮陶潜,佛印烧猪待子瞻。采得百花成蜜后,不知辛苦为谁甜?"还有,宋元丰六年,他的名叫朝云的小妾给生了一子,东坡给宝贝儿子起名"豚儿",什么意思?小猪。

东坡肉,不知东坡意下如何?几百年后,却把李渔吓出一身冷汗。李渔《闲情偶寄·猪》:吃食以人名流传是东坡肉。乍听,好像不是猪的肉,而是东坡的肉。噫!东坡犯了什么罪而要割下他的肉来满足千古馋人的肚子。太厉害了!名人不好当,游戏名人之小技不可不慎重……我不是不懂肉味,而对于猪这东西,却不敢随便说一句话,顾忌步东坡的后尘。

李渔先生不会知道,当今东坡肉不仅遍布天下,还风味各异。当年东坡足迹踏过的地方几乎都有一款具有地域经济特色的东坡肉。至于事情是好是坏,应该还是不应该,咱暂且不表,只觉得有些唐突了东坡。如果能抛开一面,仔细品读东坡《猪肉颂》和衍生的"东坡肉",也该悟到东坡当年的伤感、无奈和抱着一线希望慢慢熬日子的心态。这一点,"待他自熟莫催他"的"红烧"是东坡的知音。

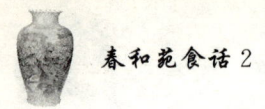

东坡肉

这是一碗穿越时间隧道的美味
黄州的遭遇
牵拉着宋宫的晦气
跌跌撞撞
在一片贫苦、杂乱的土地上停留
喘息

绕着雪堂与亭舍的是
猪肉的香味
慢煨着忧伤与苦闷
一首名扬千古的《猪肉颂》
解读了千古馋人的口福
上天的恩赐
向因破碎而豁达了的心灵致敬

当年的你是怎样展开星辰的双手
抚摸灵性的文字
不惧叶子的枯萎
热爱自然界的果实

东坡肉

独辟蹊径地踏进饮食文化的天地

那《竹坡诗话》里的趣闻
是吃文化的缩影
肉怎能不香
物的味
也是公正自然花朵的芳香
于是
情结泪水的产品
点点滴滴

岁月都算多余
唯"你"在说话
不紧不慢
用红烧完成

净洗锅
少着水
火候足时他自美
谁说不是存档于历史大厨房的技法

火候是察看友情的必需

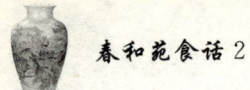

好原料才是慢炖的真情
如诗的调料吟出了满园芳香
东坡肉的明镜为后来人导航

消融了甜酱、纯酒的沉默
洁白的葱是无语的雪花
姜的手指点穴出无尽的情意
一切的虚话
都被开锅的瞬间卷走

注定了
"紧火粥,慢火肉"的掌控
注定了
绕梁三日的余香
注定了
嗞嗞的声响远走他乡

于是
人生中那把不完的火候
也向
红润、酥烂、清香的美食学境界看齐

新肉食主义

我是一个地道的肉食主义者,无论是猪牛羊驴,还是鸡鸭,统吃。

可是,近几年的医学研究报告,肉能诱发高血压、糖尿病等等的富贵病,甚至骨质疏松、牙周炎、心理疾病……上天,玩命的不玩命的不都来了嘛!

实话实说,正壮年的我,身体也行,一米七几的个头,体重65公斤还算可以;体内的五脏六腑各司其职,兢兢业业。一天十个小时的体力活也未累得趴窝,并且未有成天想死想活疑神疑鬼见别人一夜暴富嫉妒得恨不得吃他的肉扒他的皮的心理状态。但是,对于肉,尤其是猪肉,我也开始了不时革命性的敬而远之;其姿态,打个比喻,如"文革"中的样板戏《智取威虎山》中匪首坐山雕的一句台词:"我不得不防。"我也是防患于未然。

我对肉的不时敬而远之,属个人行为。而放眼世界,我发现如我样个人行为的人越来越多,并且有更广泛更深入的意义。美国哥伦比亚大学哈丁顿博士从生理学上找到人类该少

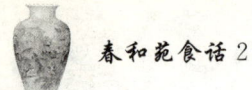

吃肉的根据：五六尺长的人类的肠子来回排列，重叠，肠壁也不平滑，这样的肠道适合素食，难消化和易腐朽的肉会伤害它。美国加州约翰·罗宾逊在其《美国新饮食风》一书中，用毁良田改牧场的坏处，环境问题、资源枯竭、抗生素与杀虫剂对人身体的伤害，动物屠杀时惊吓产生的毒素对人身体潜在的威胁等八大理由，指出食肉之事问题多多。关于耕地的产效，据有关人士测算，同样是一块耕地，能生产黄豆100公斤，只能产生出猪肉12公斤，或牛肉10公斤。人们为了吃上一磅动物蛋白质，必须给吃21磅植物蛋白质。我们的所得，不及供应的百分之五。营养方面，就铁质成分而论，以花椰菜为例，一亩花椰菜产生的铁质是用之喂牛而产生的铁质的24倍。再如，每百克食物所含钙质，鸡肉为5毫克，牛肉为8毫克，猪肉为12毫克，鱼为30毫克，豌豆为71毫克，香菇为125毫克，木耳为207毫克，紫菜为850毫克。可见，改良牧场得不偿失，何况还造成水土流失和不少人的粮食饥荒与贫穷，尤其是发展中国家。读澳大利亚彼得·辛格《动物解放》一书，我们又知道，对大量动物的屠杀，还涉及人类对待动物的伦理道德。

亲爱的肉食者，我的同党，这肉我们真的该不吃或少吃了。可是，我明白，真要做到"挥一挥衣袖，不带走一片云彩"实在是难。因为，在过去生活的胶片上，我们有手握几两肉票一大早排长龙阵的情景，有牢记在心的《水浒传》上梁山好汉为了大块吃肉冒险的故事，有忘不了的苏东坡借食寄情的《猪肉颂》，有

曹刿(guì)伟大的"肉食者鄙"的战争论;还有,它们对我们的身体也有抹杀不了的好处,尤其是味道的好。但是,为了我们身体的安康、人类社会的美好和地球的安然无恙,我看,也该三思而行了。

猪肉论

《千金食治》中秀出了风采
也在《本草备要》里丰肌泽肤
红烧的滋润
如一首歌谣轻轻哼起
色的艳丽
味的喷香
都是五花肉与高汤涌起的笑意

曾几何时
你是食谱中的主打歌曲
当亲友们把你推为赠品中的第一
让人望眼欲穿地
在白菜煮粉条中寻觅点点星迹的你
如炒菜加盐的量
少则无味

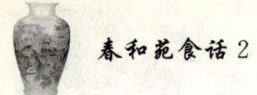

多则去哪儿寻觅

为了得到你
多少母亲叹息
只为孩子的眼神
多少妻子埋怨
只想拴住丈夫的心
又有多少儿女翘首
只盼回家的父亲手中有你的奇香

枉费了
叹息、埋怨、翘首的心绪
所有的等待都在特殊的年代里找不到痕迹
只有空空的手中叠起的不如意

时代的车轮
碾着食品丰盛的快车疾驶而来
碾碎了
老去的记忆
曾经的第一把交椅
如天空中飘飘的花絮纷纷落地

新肉食主义

口味的变异
已打捞不起沉在心底的回忆
是你的香味不够正宗
还是失落的天堂也得服从人意

为什么曾经被宠的你
会背上导致中风、冠心病、高血脂的头号大忌
是不是缺少的宝贝才最最珍贵
是不是嗅觉的灵敏
也能被胀满的肚皮冲击

但愿褒贬与赞美多多贴近实际
多角度思维才是释放情绪的新天地

世俗的印记
交替的泪滴

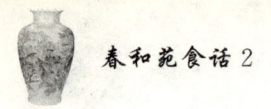

葱烧蹄筋

猪脚上那条对肌肉的爆发力起关键作用的韧带,打死也不会相信,伴它走上餐桌完美终点的竟然是大葱。

葱烧蹄筋,葱与蹄筋伴着"烧"的舞步演出了一场令人叫好的美食主义二人转。发制好的蹄筋洗净,切成一寸半长的条,入沸水烫,沥干水分。锅内油烧热,放入二寸长的葱段炸成黄色,捞入碗内,加酱油、绍酒入笼蒸七八分钟后取出备用。锅内底油烧八成热,放入白糖少许,慢火炒至红色时,放入蹄筋炒至上色,加入少许酱油、高汤,用慢火烧至汤汁将干,湿淀粉略勾芡,盛入盘内。锅内加葱油,下入蒸过的葱煸炒,香味浓郁后码在盘内的蹄筋上便成。此菜的特点:色泽红润,葱香筋烂,滋味浓醇。这样的过程结束,葱烧蹄筋便大功告成。

自从很多年前百合科植物大葱来到山东这片土地,尤其是中西部章丘那片丘陵地带,它不仅长得茎长而粗,香中带甜,也深深地爱着山东出产的海参、八带蛸、蹄筋等等的特产。如果细细地追究原料的品质,海参与八带蛸都是上乘的海鲜,关乎好不好吃,也许轮不到大葱来争功。而蹄筋呢,它是猪身上的

葱烧蹄筋

一部分。这类东西的优劣,《吕氏春秋·本味篇》有言:"夫三群之虫,水居者腥,肉玃(jué)者臊,草食者膻。"即使吃粮食也吃草的猪的肉膻不到哪里去,臊不到哪里去,但毕竟是畜类的一分子。既然如此,还能出落个赤条条一身净?葱的干预却让蹄筋不仅列于响当当的"葱烧"系列之队伍,更成了蹄筋菜肴之掌门。

葱,《尔雅》《山海经》等史书上就见记载。宋代陶谷《清异录》:"葱和羹众味,若药剂必用甘草也,所以文言曰和事草。"李时珍《本草纲目》:"(葱)诸物皆宜,故云菜伯、和事。"可见葱的脾性。中医认为其味辛,性温,可用以发表,通阳,解毒。现代营养分析报告,大葱含有较多蛋白质、多种维生素、氨基酸和矿物质,特别是含有维生素 A、C,具有较强的杀菌能力和特别的芳香物。多少年来,山东人不仅拿它作调料,也对它的单株一往情深。《中国实业志》:"葱,鲁人多生食。小煮亦与其他材料同煎。"说得一点不错。

蹄筋这物,依据《楚辞·招魂》上的那句"肥牛之腱,臑(ér)若芳些",不用说,先秦时国人就能将牛的蹄筋炖得软嫩而芳香。不过,看国人的食蹄筋史,鹿筋占尽风流。《红楼梦》中乌进孝的年货单上,有鹿筋一份,可见鹿筋在官府大宴上的地位。清代朱彝尊《食宪鸿秘》一书上把"煮鹿筋"法描述得生动而详尽。所以,鹿筋曾列山八珍之首。猪蹄筋尽管列于袁枚的《随园食单》,却与猪爪并肩出列,言之"专取猪爪,剔去大骨,用鸡肉汤清煨之。筋味与爪相同，可以搭配；有好腿爪，亦可搀入"，分明是敷衍了事。《调鼎集》上"烧火腿蹄筋"："火腿蹄筋配鲜蹄筋、甜酱、豆粉炒"，让人对蹄筋是啥物的蹄筋打了个问号，更何况葱烧蹄筋一菜是干猪蹄筋的衍生品，与鲜蹄筋是两码子事。要解开原创的葱烧蹄筋的疙瘩，不能指望宫廷史料和文人雅士的著作，因为，猪蹄筋再好，也不被很有身份的人看好。所以，我们只能在专业的烹饪著作和一代代厨师行业的传说中找到蛛丝马迹。依专业的眼光看，只有有了油发的干蹄筋，才能有蹄筋类菜肴的今天，才能告别昨天与前天单一的长时间的煨炖蹄筋，使蹄筋走上更广阔的领域。据老一辈厨师的说法，鲁菜的葱烧蹄筋已有200年的历史。它的原创者是谁？至少我至今未弄明白。不过，看《调鼎集》上有"炸脊筋"一款，再联想到当年老北京丰泽园的葱烧海参与葱烧蹄筋如出一辙，我想，葱烧蹄筋有史一二百年该没问题。

葱与蹄筋有着前世今生的缘分，是脾性的互补，味的相得益彰，营养的相辅相成，烹调技法的完美体现，更是孟子"口之于味，有同耆（qí）也"的饮食观在地域饮食文化中的付诸实施和成功范例。此一物，因了对另一物的情分等待了2000余年。二者可能在从前的某一天擦肩而过，但是，一个情深意切，一个懵懵懂懂；情深意切者只有将爱的种子埋藏，在热油的敲击下如梦方醒，并且情窦初开，姿态百种。于是，一场轰轰烈烈的美食主义之爱开始了，很快终成眷属。

葱烧蹄筋

要做出一份好的葱烧蹄筋,猪蹄筋的发制的确是关键。蹄筋发制分油发、半油半水发、水发三种。油发,俗称武发;水发,俗称文发;半油半水发,俗称文武发。相比之下,哪种最好?各有千秋,不过,主要取决于菜肴的需要。葱烧蹄筋,油发为上。干蹄筋放入蒙过原料的冷油锅中,略升油温,蹄筋收缩后,停止升油温,让蹄筋在低油温中浸泡一会儿,40分钟左右开始加热油温,并不断用手翻动原料,但火力不要太急,待听到锅里有劈劈啪啪的响声后,火力略猛一点,并淋一点水入油锅中,利用水分子与热油的碰撞促使蹄筋快速涨发。如此两三次后,蹄筋就可涨发了。这时便可停火,捞出蹄筋,放入大一点的盛器,用淡碱水泡软,洗去油腻,再换清水除去碱分,摘去腐肉,另换清水泡着听令。另外,还应知道,蹄筋含有丰富的胶原蛋白,脂肪含量也比肥肉低,并且不含胆固醇。它能增强细胞生理代谢,延缓皮肤衰老,有强筋壮骨的功效。蹄筋也分前后,前蹄的蹄筋质量差,筋短小,两端呈扁形;后蹄的蹄筋质量好,两端呈圆形。

葱烧蹄筋

沸水中捞出涨发的欲念
葱的额头是爆开的贪婪
湿淀粉勾勒出萦绕的旧梦
也不知微火的明暗能否打通尘封的记忆

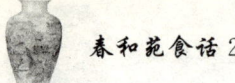

情丝的网,惊起了愚妄的空想
淋油的泼洒化作一缕缕缥缈的青烟
原本是奔腾不息"筋道"的张力
使命总在牵手葱的约会中转换

红烧也有披上阴影的时刻
仿佛火力侦察有意歇息不起
朦胧的感觉期待琥珀色的发亮
把相思搅乱的心情悄悄抚平

冥冥中总有前世今生的缘分
情书的心语已在赤诚的锻打中荣耀了几百年
心中有爱找不到倾诉的起点
心中有恨何时才能撑到银河的对岸

不是不喜欢
不是不想见
只怕连自己也似云如雾翻卷着梦的漫延
……

鱼香肉丝

中华料理中,鱼香肉丝一菜,可谓家喻户晓,人人皆知。

其实,目前,在国人的菜单上,鱼香肉丝不止一个版本。除了四川菜系的正统版,还有大江南北偏甜偏酸,不甜不酸,以咸为主打和因人因料的小变种等种种的山寨版。鱼香肉丝,菜中的百变之王,很有"八卦"的味儿。

事厨之初,关于鱼香肉丝,有人告诉我必须用盐、味精、糖、醋、葱、姜、蒜、郫县豆瓣酱类的八种调料才正确。也曾有人当着我和"师傅"的面狠批了此八料之说,并告诫用肉丝、香菇丝、笋丝、香菜段等八种主配料才算正统。这些,我一一记住,虚心接受,努力地溶化在血液中,落实在行动上。可是,后来,因江湖菜系之大兴,目睹一位位川菜厨师炒出的鱼香肉丝,我的大脑又坠入云里雾里。我发现,关于鱼香肉丝,它的发祥地四川也是说不清理还乱。并且四川还有一个与鱼香肉丝有关的传说:很久很久以前,有一户很爱吃鱼的人家,每当烹制鱼肴,调配料上特别讲究。凡能除去鱼腥气的葱、姜、蒜以及辣椒、糖、醋、酱油类从未少过。一次,烹制肉菜肴时,这家挺会节约的女主人把上一顿烧鱼肴剩下的调料放入锅中,肉肴便有了另一种滋味。晚上，外面做生意的老公回到家中，餐桌上尝试之后，不但没批评不按正常套路出手的那口子，还直夸菜做得好。从此，这道特别的菜成了这户人家的保留节目。日久，这道菜渐渐传到街坊邻居，并越传越远，大受欢迎，还得"鱼香炒"的称谓。鱼香肉丝遂成雏形，并响遍巴蜀。

既然如此，那么，鱼香肉丝的"始作俑者"究竟是什么年代哪户人家？至今无人给出有说服力的答案。我们知道，作为舶来品的辣椒一物，引入我国是明末的事。19世纪之前，所有有关川菜的书籍和史志上，至少至今未发现关于鱼香肉丝的只言片语。所以，传说中的"很久很久以前"，值得商榷。再说，追寻下去，也没有太大的现实意义，反正鱼香肉丝的前途一片光明。如非将之弄出个子丑壬卯，当今川菜系大美食家车辐《川菜杂谈》中的说法可信：鱼香肉丝之初始是鱼海椒（辣椒加鲫鱼制成的酱）烹制家常肉菜肴的结果，是川西人的作为。可惜的是，如今这种有特色的辣椒酱已难觅踪迹。鱼香肉丝菜肴之命名上，也体现了国人近现代的味型加主料的菜肴命名法。我看，鱼香肉丝的历史不会"很久很久以前"。

关于鱼香肉丝的话题尽管不少，但依我看，它的魅力不在烹法和出笼的考证上，内涵才令人着迷。"凡和，春多酸，夏多苦，秋多辛，冬多咸"（《周礼·天宫》），这是国人与季节互动的养生之道。"鼎中之变，精妙微纤，口弗能言，志弗能喻"（《吕氏春秋·本味篇》),这是国人对鼎中之变的感慨与总结。"味之数不过五,五味之变不可胜尝"(《淮南子》),是国人感慨五味之变的精妙。谁道我们不是处在一个变数的世界!微观宏观,社会、人之心态无不变化莫测。鱼香肉丝似是为了迎合我们的生活有备而来,并给我们的生活作顺心顺意的注脚。再看餐馆一对对情侣对它的情有独钟,那一口口的甜酸香辣也是爱情的象征。鱼香肉丝玩弄的有"鱼香"实无"鱼"的皮影戏,虚虚实实也蛮有趣味。更值得一提的是,它的物美价廉,使草根阶层对它大有亲切感。

亲爱的鱼香肉丝,你是菜肴中走江湖的高手,所以,你的粉丝遍天下。

鱼香肉丝

绝配
抖出心的驿动
肉的香味装饰出"无鱼"的风景
"好好观赏吧
等待有情人痴恋韵味的无穷"

意境
刻在线条的乐谱中

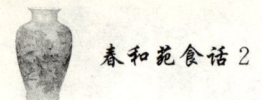

谁说不是形美簇拥出了好心情
无声胜有声的感觉飘飘袅袅
挥也挥不去的色香味啊
能否抚慰有情人的心灵
如一本书
似一道道飞奔的马蹄声声

创意
从东方的智慧宝典中打开
用心挖掘着文化神殿的底蕴
正如人生不停地面对陌生口味的勇气
哪一款的翻新不是理解透彻后的升腾

进取
揉进精神不倒的魂魄
像阵阵的暖风
急急忙忙把心弦的花瓣催开
一路拔出慵懒的莠草
拿起诗琴奏一曲赞美活力的人间友情

历史
不舍昼夜地

鱼香肉丝

缠绕
盘旋
迂回
前行
有与无、满与空的相对
都在无尽无休的沉浮中鲜活

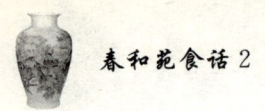
春和苑食话 2

青岛大白菜

十字花科芸薹属的大白菜,不是唯青岛出产,全国各地广有栽培;但是,青岛大白菜闻名遐迩。

青岛大白菜之所以牛,是因为有胶白、城阳青白菜两兄弟。胶白,青岛胶州三里河一带的特产。个头大,一般每颗都在5公斤左右,甚至更大;菜根小;叶帮白且薄,包拢紧凑;汁白,味甜,纤维少。栽培历史悠久。据说,民间种植已千年有余,较大面积种植始于明代。《胶州志》(道光版)记:"菘,谓之白菜,叶卷如纯束……品为蔬菜第一。"鲁迅先生《藤野先生》记胶白:"北京的白菜运往浙江,便用红头绳系住菜根,倒挂在水果店头,尊为'胶菜'。"陈毅元帅诗赞胶白:"伟哉胶菜青,千里美良田。"1956年,苏联农业专家亚维尔舍金·沙加诺维奇曾考察胶白,回国之后出版了专著《中国宝贝——山东胶州白菜》。1957年,胶白因在日本东京博览会上展出而名扬天下。如今的胶白,已被国家工商总局正式批复授予原产地证明商标,也是全国目前唯一既有证明商标又被认定为中国名牌的农产品。栽培史也近百年的城阳青,是青岛大白菜的后起之秀,国内青帮白菜的代表。它是崂山水脉和冲积棕壤土养育的骄子,个头不

青岛大白菜

在胶白之下,外叶深绿明显,青帮叠抱,是秋冬季大田里绿的大写意;内心却是可爱的嫩黄;不仅口感甜脆,生食熟食均可,还宜烂,汤汁奶白,并耐储存和抗病虫害,是崂山一带和青岛市区广大居民冬季的当家菜,并远销上海和江浙一带,很受欢迎。上个世纪30年代于国立青岛大学任教的美食家梁实秋《忆青岛》一文这样写道:"青岛一带的白菜远销上海,短粗肥壮而质地细嫩。"

青岛的大白菜好,有白菜家族中的两个品牌。它为大白菜家族增光不少。说起白菜,据有关学者的推论,它是菘与芜菁的混血儿。菘是何物?现代人称之为小白菜的便是。芜菁,又称辛芥、诸葛菜,过去青岛人所谓瓜齑类物的材料之一。现在农业科学证明,二者均属十字花科芸薹属的不同亚种,而十字花科蔬菜最易天然杂交,尤其是小白菜与芜菁的亲缘关系最近,基本染色体组相同,彼此间天然杂交可育率可达百分之百,其亲本后代也能正常生长和繁殖。果真如此,我们是不是可以这样想象,这两种青梅竹马同期开花的小东西,在某一年某一天的某一时,因了爱的诱惑而走到了一起,并且有了优生的爱情结晶?依据西安半坡原始遗址中就有菘籽的史料,芜菁的倩影《诗经》中已楚楚动人的迹象,可以说,这桩值得我们纪念的植物中的突破门户之束的爱情大事件,事情有了好的结果,时间上该归宋代。如果我的推测没有错,就让我们把当年苏颂所谓"扬州一种菘,叶圆而大……啖之无渣,绝胜他土者,此所谓白菜"当作"好宝宝"的第一篇日记。如果成,再将《咸淳临安志》上"冬间取巨菜覆以草,积久而去其腐,叶黄白鲜莹,故名黄矮菜"看成是少年的它冬日里火力肌体的展示。有了这样的依托,我们就能读懂宋代陆佃《埤雅》上称颂的"凌冬不凋,四时见长,有松之操,故其字会意,而本草以为耐霜雪也"的白菜精神。我们更能从苏东坡《雨后行菜圃》上的"白菘类羔豚,冒土出蹯掌",范成大《四时田园杂兴》"拨雪挑来踏地菘,味如蜜藕更肥酡(nóng)"诗句中品出其中滋味。还有,若想理解白菜帮叠叠相加、紧紧拥抱的干劲,只要一看实物的芫菁,发挥一点想象力,疙瘩也就解开了。所以说,白菜的成长,时间不长,顺风顺水。这天成的宝贝大功告成之后,元代时,可爱的忽思慧先生便可把他眼中的"味甘,温,无毒,主通利肠胃,除胸中烦,解酒渴"的大白菜图文并茂地写入《饮膳正要》一书,并虔诚地进献给明宗。明代王世懋(mào)也能在《广百川学海》里大张旗鼓地宣扬白菜"脆美无滓",是"菜中神品"。清代王士雄在《随息居饮食谱》一书中下了"荤素皆宜,蔬中美品","种类不一,冬末最佳"的结论。袁枚、梁章钜等美食家,不仅为白菜拍手叫好,还身体力行地研发和烹制各种白菜佳肴。辣白菜卷、火熏白菜、肉片炖白菜等菜肴纷纷在宫廷宴上登场,说明至高无上的皇帝们也没有犯下对白菜一物拿豆包不当干粮的错误。《农圃便览》书上记窝心大白菜立秋种、小雪收、霜降后用草绳捆起外叶的做法,说明当年躬亲农圃的知识分子丁宜曾先生对白菜了解得很到位。齐白石的"纸墨白菜"和台北故宫博物院的"翡翠白

菜",又让我们见识了白菜的别样风采。以上这些为白菜的美食主义推波助澜的当事者,由于历史原因,并不知道白菜含有丰富的植物蛋白,且各种水溶性维生素、钙、纤维素均高于其他瓜果蔬菜。微量元素锌的含量不但在蔬菜中屈指可数,比肉和蛋类也高不少。而锌被人们誉为生命之光,能增强细胞的活力,提高人的智力。他们信服的是中医理论,认为大白菜味甘、性平、无毒、利肠胃、宽胸解烦、清热、利尿又通便。现今的科研报告,大白菜还含有吲哚类化合物和导硫氰酸,能诱导酶类生成,提高酶的活性,从而增强人体抗癌能力。有道是,鱼生火,肉生痰,白菜豆腐保平安。百菜不如白菜,常吃白菜会得到它的好处。更何况,白菜有淡然、平易近人、能使肥腻之物清爽起来的本领。所谓大味若淡是一种吃上的境界。它在佛门中与冬菇、冬笋组成的"二冬白雪"美食的不同凡响,使我们相信白菜确实是不俗之物。这一切的一切,令人肃然起敬。胶白和城阳青风流尽出,为白菜家族的荣耀写下了浓重的一笔。

翠叶中饱白玉肪,严冬冰雪亦甘香。园官不用夸安肃,风味依稀似故乡。

此诗是清末青岛籍史学家柯劭忞(mín)《种胶州白菜》诗。当年这位身在京城,心思用在《新元史》和《清史稿》上的青岛人,仍念念不忘家乡的尤物。我想,当年的他定同今日的你我一样,是揪着白菜叶嬉闹、吃着白菜水饺和白菜炖粉条长大的。

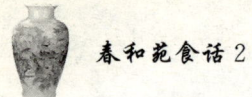

柯劭忞在京城挺多的日子里,准会对北京鲁菜馆中响当当的奶汤白菜、栗子烧白菜、开水白菜等美味佳肴情有独钟。吃故乡的尤物最能打发乡愁,何况这尤物有"翠叶中饱白玉肪"的美丽,有"严冬冰雪亦甘香"的精神。这些,在一个动荡的年代对于一个有鸿鹄(hóng hú)之志的人是多么的重要,可谓精神食粮。于是,我们亲爱的柯劭忞老乡在耕耘史料沃土的间隙,用灵性有激情的笔端种胶州白菜于中华饮食文化广袤的大地上。

白　菜

菜中之王的美称
是经受住严寒冷风的雕琢
用根对叶的期盼
叶与叶的拥抱
傲视着白雪茫茫的羁绊

摇曳的春将怎样鼓动人心
是不是春的笑脸是收获秋的信念
为什么外表的美丽总能俘获人心
为什么富含钾、镁、铜、锰、钼、硒多种微量元素的你
却让人视而不见

青岛大白菜

被人随便扔在厨房一角的花儿总是你的容颜
难道你为人类的贡献还少
他们五脏的健康肌肤的润泽不都是你的功劳
还有那抑制癌细胞的本领
怎么能轻易把你忘掉

别看他们不将你的相貌看好
有的人做事才叫可笑
今日的诺言
明天的失信
多年的缠绵抵不过一杯利益薄土的葬掉

你老帮的脱落那是季节的需要
难道说变就变的人心还有什么值得夸耀
不管愚蠢的无知虚伪的胡扯
不管白眼的翻新斜视的频率
不管嗅觉的失灵听力的阻断
你依然捍卫着自己洁白的心灵

纵使受尽委屈与折磨
纵使泪流满面
纵使被撕成碎片

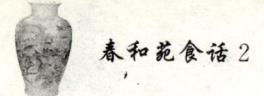

你高风亮节的筋骨
从生活的锻打中长出

学做哲人的冷静
磨练心智的成熟
感受着《管子》大味若淡的意境
在虚心吸取泥土芳香的品德中
令人叹服

你傲视群花投身烹饪的新天地
当糖醋清拌出爽口的美味
五花肉也愿与你为伍
不管是色彩的心情还是辣炒的活力
也不管鼓风机的铿锵锅碗瓢盆的乐曲
你都是交付优秀作品的最佳创意

当冬菇、冬笋牵手你的情结
"二冬白雪"也给寺院的斋菜配上诗意
当粉丝、白菜缠出"丝雨孤立"的萦绕
草茅为衣、食素为风的他们
是否也应在今天补上个"什么什么保护"的奖杯

青岛大白菜

当李渔《闲情偶寄》的感叹愈加贴近自然
今日的我们应该从中联想到什么
总有一种距离
总有一种情愫
平淡渗透着内涵
秉性折射出心理

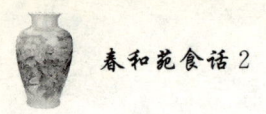

辣　椒

茄科植物辣椒之称谓,不管是番椒、海椒、秦椒、大椒,还是麻人椒,焦点都在一个椒字。

其实,在古人眼里,椒字本指花椒,一种红褐色的小豆子样咬上去能把人的舌头麻翻的芸香科植物的种子。这种不起眼的味道上特立独行的小东西,至少三四千年前就与国人情深意切。《尔雅》上它以檓(huǐ)和大椒的称呼保留着历史的痕迹。就是它在国人甜、酸、苦、辣、咸的五味中基本扮演着辣的角色。你看,花椒除了"大椒"的乳名,与后来的大椒是同名同姓。这是天意还是怎么的?再说,作为舶来品的辣椒,尤其是到了就要闪亮登场的明代,它在国人的大菜单上,也是辣味的看客。请看明代《宋氏养生部》上的辣烹银鱼:"辣烹——微腌入肉汁,同甘草烹熟,以酱、醋、胡椒、花椒、葱白调和。有不用腌。"宋大厨的辣炒鸡也是:"用鸡,斫为轩,投热锅中,炒改色,水烹熟。以酱、胡椒、花椒、葱白调和,全体烹熟调和亦宜。"殊不知,宋大厨家的菜谱上还有辣烹鳝鱼、辣烹鲫鱼、辣烹鳗鲡、辣烹望潮、辣烹将军帽多款菜肴,辣之口味,当然皆以花椒为统帅。我们知道,当年的宋家大厨房不是街边小店,宋大厨也不是我等只懂烹饪学皮毛的匠人,人家是明代著名的笔记小品作家、美食家。《宋氏养生部》六卷是不得了的著作,尽管是依据其母口授,将自家日常食饮与筵席菜谱1000余种整理成册。纪晓岚在《四库全书总目提要》中评价:"读书考古者所为,非同凡响。"这样的大厨房,对国人辣味的理解可想而知。在宋大厨的菜单上,我似乎觉得,也是舶来品,也带椒字,并比辣椒来到中国这片土地要早不少岁月的胡椒也有以辣定天下的意思,它在西人中的表现也够水平。但是,实践证明,此君太温良恭谨让。有意思的是,后来居上,成为椒中之霸主的辣椒一出场还挺会作秀。不管是在明代的《遵生八笺》上,还是在《草花谱》上,它皆"番椒丛生,白花、子俨似秃笔头,味辣,色红,甚可观"。分明是植物中的小辣妹子,但引人注目的却是形态之美。这一形态的美,到了清代《花镜》一书上,也是"俨如秃笔头倒垂,初绿后朱红,悬挂可观",并得辣茄的称谓。不过认识到了这小辣妹不好惹,"其味最辣,人多采用,研极细,冬月取以代胡椒"。胡椒被它狠狠地打了一巴掌。之后,很快,以"椒"标辣的王国就城头换了大王旗。据史料记载,乾隆年间始,脾气大发的辣椒先是在长江流域的"下江",继而传遍大江南北。四川大学历史系和四川省档案馆主编的《清代乾嘉道巴县档案选编》载,地处川黔交界处的南川当时就盛产辣椒。清代徐珂《清稗类钞》:"湘、鄂之人日二餐,喜辛辣品,虽食前方丈,珍错满前,无芥辣不下箸也,汤则多有之。"

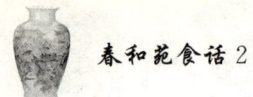

辣椒，你这中美洲那片土地上养育的孩子，你的脾性如狮，如虎，如国王，如美丽的公主，让太多的饮食之人做你的臣民。打开你的密码，不过是些辣椒碱、辣红素、纤维素和丙种维生素，以及维生素A、B、C等。《食物本草》说你"消宿食，散结气。开胃口，辟邪恶，杀腥气诸毒"。《食物宜忌》又说你"温中下气，散寒除湿，开郁祛痰，消食"。清代王士雄《随息居饮食谱》警告人们："人多嗜之，往往致疾。阴虚内热，尤宜禁食。"但是你势不可当，尽管国人至今未弄明白你来东方中国的时候走的是水路还是陆路，谁是你的引路人！

"辣椒之动人，在激，不在诱。而是激得凶，一进口就像刺入了你的舌头，不像咖啡的慢性刺激。只凭这一点说，它已经具有'刚者'之强。"王了一先生《辣椒》一文这样说道。古清生先生《一辣天下红》一文中又言："到了北京，朋友们见我是来自南方就问我是不是特别能吃辣。我说这么说吧，假如这里有一盆鲍鱼汤，没有辣椒，十里外有辣椒，没有鲍鱼汤，那我就坐车到十里外去吃饭。"

古清生先生真是可以，大名鼎鼎的海味不吃，偏奔十里之外去吃他亲爱的辣椒。不过，想起他此文前面说过的"当一个人被辣得翻天覆地，灼肠穿肚，灵魂着火以后，下一餐他还要接着吃辣椒，这是一种什么精神？这是明知饭有辣，偏把辣椒吃的无畏精神"，再想想那句流传已久的经典"不辣不革命"，我是

辣 椒

无话可说了。因为我明白,吃辣这事儿,成狂,亦"犹如读鬼书,明知刺激,欲罢不能"。(尤今《碗里有乾坤》)

我本以为,青岛人会固守不吃辣的习俗,将海鲜的本位主义进行到底。但是,自从那该死的辣炒蛤蜊、大头菜爆螺片、香辣蟹、辣味海参等一个个踊跃地跳上青岛人的餐桌,我的想法动摇了。我知道辣椒是植物中的实力派,让人佩服的是辣椒的强项有三:一、它有让人上瘾的本事;二、它对味蕾神经的冲击能使鲜物更鲜,香物更香,并且物的本味不变;三、它的品种繁多,让人很有选择的余地。

我们正处于一个科学技术突飞猛进的时代,想到月球和火星上去弄个事儿,一个航天器就可搞定。我想,假如有一天我们能将伟大的意念学发扬光大,是不是可以用此学科将中华民族历史长河中的杰出人才凭意念之想起死回生为今人所用?假如成,我们就可以让清代徐珂在再版的《清裨类钞》上那句"食品之有专嗜者,食情不同,由于习尚也"之后,补上一句"国民皆嗜辣,甚狂,并且乐此不疲。除此之外……",然后继续他所谓的"北人嗜葱、蒜,滇、黔、湘、蜀人嗜辛辣品,粤人嗜淡食,苏人嗜甜"。

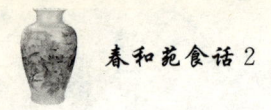

辣　椒

你在《食物本草》中辟邪杀腥
又在《食物宜忌》里除湿散寒
百姓寻找你新陈代谢的钴元素
文人又把你辣的神气扬起

丝丝辣意
让曾经的疯想携上刺激
吞噬思念的辣
你怎么舍得翻开胃的惆怅翘起唇角的神秘

多少个日日夜夜
你用辣的炽烈拥抱着爱意
当恩爱的烈火越烧越旺
突然间的离去让一切的一切转瞬即逝

荒芜的心长满野草凌乱无绪
什么食物都索然无味
夜色抖着难忍的冥想隐晦清苦
缓缓的阴影如潮湿的眼睛

辣 椒

你能摘得丙种维生素的桂冠
却抛不开角膜炎、胃炎的纠缠
茫茫然如情雾困顿迷惑的心
伤心的"辣"无言可比
一句话？一点音？一个影
逃之夭夭，为什么
到底为了什么

究竟什么是"辣"
什么是受到"伤害"偏偏谨记
思念的轻烟淡去又浓起
心儿飘飘
似烟雾缠绕出醉步
又卷起爱的辣意

韭 菜

韭菜,又名丰本、长生韭、懒人菜、草钟乳、壮阳草,属百合科多年生宿根性植物。

依据我国古老史书《夏小正》中有"正月……囿有见韭"的记载,便可知韭菜是我国很早就栽培的菜蔬。《诗经》上"献羔祭韭"的文字,又告诉我们先秦时国人就拿韭菜祭祖,韭菜成了吃食中的上品。《汉书·召信臣传》:"大官园种冬生葱、韭菜茹,覆以屋庑,昼夜燃蕴火,待气温乃生。"说明我们的祖先在两千多年前就拿温室培育韭菜了。从此后,韭菜的岁月可谓"九九那个艳阳天"了!

韭菜寓"久",也许是命中注定。《尔雅》云:"一种久而生者,故谓之韭。"这一点,元代王祯给以掌声。他于《农书》上说:"剪而复生,久而不乏也,故谓之长生。"韭菜的长生并不是不老,一般三五年即走完一生的旅程,多的也就十年的坎。但比之其他菜蔬,就有不小的本事。《南史·庾杲之传》:家境贫苦的南齐人庾杲之特爱吃韭菜,官场上混好了后也不忘贱物的韭菜,每次仍将之分别剁碎、烫熟、生猛,而后三样再合食。他的

韭 菜

一个同僚戏谑:"谁谓庾郎贫,食鲑尝有二十七种。"当时的江南人称鱼、菜皆为鲑。二十七即三乘九,九与韭同音。由此可见庾先生穷日子养成的毛病不好改掉;由此可见庾先生对韭的内涵作了另类的注解,决心将韭菜进行到底。并且他的作为,又被宋代的陆游记在心上。陆游有诗:"舍东种早韭,生计似庾郎。"可惜陆游的生计不比庾郎。元代刘埙《剪韭赋》也言:"彼以二十七品而讥庾者,又奚恤于此徒。"庾杲之的故事充实了韭菜食文化。

韭菜,叶似一条条翠绿的飘带,根如白玉之色调;春韭白茎之上嫩绿浅碧中顶着的那一段红,是可亲可爱的春的消息;古人称之为一束金。据当今的营养学家分析,每百克韭菜中含有蛋白质 2.1 克,脂肪 0.6 克,碳水化合物 3.2 克,维生素 C、A 和胡萝卜素,核黄素含量在蔬菜中为领先地位,另含有钙、磷、铁等矿物质,以及硫化物、甙类、挥发油类,还含有大量的纤维素。中医认为其性温,味辛甘,有兴奋、散瘀、活血、止血、止泻、补中、助肝、通络等功效,含足了所含营养的春韭更是如此。春天,气候回暖,万物复苏,人体各类器官组织功能活跃,新陈代谢加快,更需补足阳气。韭菜正是助阳护肝的佳品。现代医药研究证明,韭菜具有调味、杀菌、降血脂、扩张血管的功效,对胃肠病、便秘、高血压、冠心病、糖尿病等患者大有好处,还对防治食癌、胃肠癌等有积极意义。所以说,谓韭菜为一束金不为过。

宋代林洪《山家清供》记：南齐文惠太子曾问身边的人蔬菜中哪样最好。名士周颙（yóng）回答："春初早韭，秋末晚菘。"《周礼》上的一句"豚，春用韭"，又可证明国人很早就认识到韭菜也是当配角的好材料。《调鼎集》上"凡用韭菜，不可过熟"和十几个韭菜菜肴，使我们知道祖宗们在味为中心的大前提下，也注重火候的恰切和烹调的多变。如今的韭菜菜肴更是美不胜收。有意思的是，自从杜甫《赠卫八处士》一诗中喊出"夜雨剪春韭"，中国的文人雅士们已跟风似的把它弄得诗意十足。刘子翚《咏韭》诗中是"一畦春雨足，翠发剪还生"。高启《韭》上便"几夜故人来，寻畦剪春雨"。辛弃疾《昭君怨》更厉害，是"夜雨剪残春韭"。高观国《生查子》却又"夜韭无人剪"了。不要急，张耒和苏东坡，一个是"人言佛见为下箸，笔炙烹羹更滋滑"，一个是"渐觉东风料峭寒，青蒿黄韭试春盘"，只要是韭菜就弄他个雅俗共赏和春意盎然，精神物质双丰收。更有甚者，有人力挺韭菜壮阳之功绩。《笑林广记》有两则关于韭菜壮阳的故事，其中一则：做妻子的让丈夫去街上买丝瓜。丈夫便立门外等候。这时，街上走来一卖韭菜的商贩，并劝此人买一点。他说自己需要的是丝瓜而不是韭菜。卖者却道："丝瓜痿阳，韭菜兴阳，如何兴阳的不买，倒去买痿阳的？"门内听到了对话的妻子发话了，高声道："丝瓜等不来，就买了韭菜罢。"我想，当年《笑林广记》的作者如果知道韭菜配大虾更是强强联手，两者之联盟会避免不了。但当年《笑林广记》的作者只注重大脑皮层之兴奋而没有福分享受包括口福的行为下之

韭 菜

快哉。

不过,韭菜这物,正如李时珍《本草纲目》一书上所言:"春食则香,夏食则臭。"这是经验之感受。青岛也有六月韭臭死狗的说法。它真的那么厉害?言过其实。但是,孔子的"不时不食"不是没有道理。如今的研究已经证明,时节的物与人的身体往往有一种不谋而合的协调,其根本恰符合老子的天人合一观。现实是,喜爱韭菜的人,夏天也照吃不误,叶老的不能吃就吃韭薹(tái),甚至也不嫌叶茎老臭。有什么办法呢!穿衣戴帽,各人所好。对于韭菜一物,李渔的认识更深刻。他于《闲情偶寄》上说了这样的话:"葱、蒜、韭三物,菜味之至重者也……菜能秽人齿颊及肠胃者,葱、蒜、韭是也……葱、蒜、韭之气甚而浓。浓则为时所争尚,甘受其秽而不辞。""予待三物有差……韭,则禁其终而不禁其始,芽之初发,非特不臭,且具清香,是其孩提之心之未变也。"李渔先生食韭菜之美食学大有藕断丝连之意味。关于韭菜的吃与不吃,现代人若理性地看待,美中不足的是,韭菜含纤维素多,食的过多,易引起消化不良。阴虚内热、疮疡肿毒、疟疾、目疾患者应有顾忌。另外,因为韭菜含有大量的硝酸盐,炒熟后存放过久,硝酸盐会转化成亚硝酸盐,导致中毒。所以,过夜的韭菜菜肴不能吃。

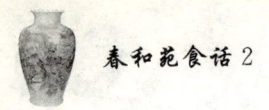
春和苑食话 2

春　韭

积蓄了一冬激情爆出的自信
被初春拥抱
柔软的质地衬出辛香
如一株株兰花散开在大地
绿的身,红的头是赞美春的语言
引来多少千古悠悠的美文诗篇

一片绿
透出一种哲学
一种执着
演义出永不言弃的价值
为什么"剪而复生,久而乏也"
为什么"夜雨剪春韭,新炊问黄粱"

那剪不断的情意
都在越割越壮的春韭上泛起
一点柔波
一条短信
一丝情语
一个好梦

韭 菜

是敬畏你的风
还是滋润你的雨
是模仿你表情的云
还是营养你素质的雪
那段鲜明的红
是你舞动青春的彩旗

本属百合科植物的你
不骄傲
不诡异
不做作
用自身品格的魅力
影响轻风的细诉
直把恋春的真情旋出适合节拍的韵律
让独领风骚的"味"生生不息

你像一本书
让普通百姓享受你的隽永
你似一位伴侣
让一个民族选中了你
从此大席与小吃
国宴与家常
都飘出你永久的奇香

你是春的好使者
寒风冻不尽
春风吹又生
这思绪
这永恒
这无穷无尽百合科植物的主旋律

笋

笋的大名,谁人不知,哪个不晓!

它想退出餐桌江湖都不成。李渔《闲情偶寄·笋》:"论蔬食之美者,曰清,曰洁,曰芳馥,曰松脆而已矣……《记》曰:'甘受和,白受采。'……至于笋之一物,则断断宜在山林。城市所产者,任尔芳鲜,终是笋之剩义。此蔬食中第一品也,肥羊嫩豕(shǐ),何足比肩!"苏东坡有言:"可使食无肉,不可使居无竹。无肉令人瘦,无竹令人俗。"二位的态度不仅关乎笋的烹饪美食学,也关乎人的修养。一个雨后春笋的成语,更是把笋对天下人广而告之。

笋本是禾本科植物竹的幼芽,竹类的小孩子。然而,这个很早就进入国人的生活的小孩子却出手不凡。《诗经·大雅·韩奕》有这样的表述:"其蔌(sù)维何?维笋及蒲。"这里说的是什么意思?周代韩奕初立为侯,朝见宣王后,就要离京回国。朝中的显赫们为他设宴饯行,筵席上的蔬菜中唯有笋和蒲菜。《吕氏春秋·本味篇》上又有一句"和之美者……越骆之菌"。"和",不得了啊!也如《吕氏春秋》所言:"调和之事,必以甘、

酸、苦、辛、咸,先后多少,其齐甚微,皆有自起。"这是伟大的中国烹饪之道的"调"的宣言书。"和"的脾性,笋一物是天成。"菜中之笋,与药中之甘草同是必需之物。"(《闲情偶寄》)李渔也认识到了这一点。《上元宝经》:"竹笋者,日华之胎也,一名太明。"笋是吸取了日月精华的产物。《笋谱》一书上更有"俗闻呼笋为龙孙"的传说。除此之外,笋的竿、竹萌、龙雏、玉版、初篁(huáng)等等的称谓,都让我们对其肃然起敬。更何况魏晋时以嵇康、阮籍为首的竹林七贤又在由笋长成的竹林里弄出了潇洒自在放荡不羁的雅事,让国人怎能不对笋另眼看待。

锦箨(tuò)初开玉色鲜,烹苞菹(zhū)脯尽称贤。绝能加饭非无补,浪说冰脾苦不便。一日偶无慵下箸,四时都有不论钱。寒儒气味都休问,准拟凌风作瘦仙。

——《四库全书·缙云文集》卷二

上面为南宋冯时行《食笋》诗。冯时行,字当可,号缙云,南宋绍兴年间进士,有《缙云文集》留世。此诗以笋的色、香、味、形为着眼点,对烹饪技法、笋在吃食中的地位以及在人们心目中的形象都作了诗意的铺垫与描述。此诗可谓国人众多咏笋诗中的佼佼者,颇有特色。当然,自古以来,咏吟笋的佳作佳句也不少,如白居易《食笋》一诗的"紫箨坼(chè)故锦,素肌擘(bāi)新玉";李商隐《初食笋呈座中》诗上"嫩箨香苞初出林,於陵论价重如金";梅尧臣《腊笋》"破腊初挑齼(jùn),夸新欲

比琼";杨万里《记张定叟煮笋经》"崧羔楮(chǔ)鸡浪得名,不如来参玉板僧"等等诗句都够味。但是,相比之下,就凭他的《食笋》诗,冯时行就可成为食笋粉丝中表现最好的歌之舞之者。

我们可敬可爱的笋,食物中的王!它在餐桌上能够履行CEO的职责,又能当好人事部的主管、街道调解处的调解员,也是一个合唱团忠实的演唱者,可说是上得了厅堂、下得了厨房的好食材,却不愿炫耀自己。当然,个人的脾性上,它与猪肉最是合得来。在中医的眼里,它性微寒、味甘,有清热、消痰、利水的功效,可预防动脉硬化、高血压、高血脂、便秘、糖尿病,并可防癌、抗癌。打开它营养成分的密码,显露在我们面前的是丰富的蛋白质、各种维生素和多纤维素;并且蛋白质特优秀,是人体必需的赖氨酸、色氨酸、苏氨酸、苯丙氨酸,以及蛋白质代谢过程中占重要地位的谷氨酸、维持蛋白质构成作用的胱氨酸等。当然,它略有的苦涩味我们没有看好,但将之连皮放入淘米水中,添一个去籽的红辣椒,锅里一煮,也许就会强多了。还有,由于它性寒,又含较多的粗纤维和难溶性草酸钙,患严重消化道溃疡、食道静脉曲张、上消化道出血或尿路结石者还是慎重点好。如果想深入地了解笋,还应当知道有毛笋、冬笋、春笋、边笋、板笋等,它们都是笋的兄弟,只是有伯仲之分,有季节与地域之别。如有有心者还想弄个明白,那就翻看宋代赞宁的《笋谱》一书:如毛笋"为诸笋之王,其箨有毛,故名……大者重

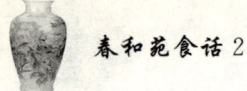

几二十余斤,犹未出土,肉白如霜,堕地即碎……嗅之作兰花香";冬笋"冬月即生,埋头土中……其味极鲜,甲于他笋";边笋乃"毛笋之旁出者……谓之竹边,故曰边笋。其状类鞭,亦名鞭笋……"

话说至此,也许有人要问,既然笋这物历来被国人看好,我们也看足了古人"写实主义"的笋,能不能让今人也进入古人的厨房看个究竟?由于历史的原因,古人已将他们厨房的门紧紧地关闭。好在透过文字的窗口,今人还能看到几家私家大厨房泛黄的菜单。今天我就借此引读者看三家厨房有特色的笋菜肴。宋代陈元靓《事林广记》"造笋咸豉":"笋一斤,生切片子,豉四两,煎汁用,煮笋熟,次入盐二两,生姜二两(片切,爆过)、马芹、红椒、桔皮各用半两,一齐入拌匀,焙干收之。"宋代《吴氏中馈录》"笋鲊(zhǎ)":"春间取嫩笋,剥净,去老头,切作四分大,一寸长块,上笼蒸熟。以布包裹,榨作极干,投入器中,下油用……"清代顾仲《养小录》"带壳笋":"嫩笋短大者,布拭净。每从大头挖至近尖,以饼子料肉灌满,仍切一笋肉塞好,以箬(ruò)包之,砻(lóng)糠煨热。去外箬,不剥原枝,装碗内供之。每人执一案,随剥随吃,味美而趣。"

笋

你如《尔雅》中的竹萌
还似《说文》里的竹胎
你不同寻常的品格
在宋朝赞宁的《笋谱》中熠熠生辉

你嫩出一个媚眼
白出一片天地
你是素菜美食中的佼佼者
让文人雅士发出"不可一日无此君"的感叹

你从西周一路走来的坎坷
那一个个天子用膳的故事
不光是梁简文帝《七厉》上的干菹
还有《笋谱》里记载着陈皇后爱吃的笋鸭卵

一个个古老的传说
一幅幅顺序排列出的图画
不胜枚举的是
朝阳的喷薄

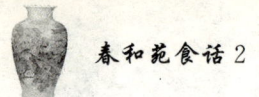

晚霞的落辉

你如一个清秀的仙子
说也说不完的感慨啊
像《南史·孝仪传》中大义的郭原平
让夜盗者无地自容

柔和的晨光
缓缓地升起
缓缓地移动
是为你修眉
还是抚摩你泪珠儿莹莹

你强忍住泪流追赶过去的时光
想要青春
想要爱
想要云端合掌的拥抱

淡淡的情儿淡淡地飘
没有竹叶的陪笑
没有轻烟的袅袅
只有夜幕摇摇欲坠地缠绕

笋

你奋力挣脱了夜色
咬上了朝晖
在投入"干煸冬笋"生活的创意中
让甘味说话

你清热生津的美名
如一个忠实的护花使者
在调解烦闷憋气中慧眼独具
置唯唯诺诺于不理

你冰清玉洁的质地也是传播美的大使
你可脍可羹
可歌可泣
连冰雪聪明的姑娘见到你
都将鲜美的肉味抛弃

风雨洗尽了你曾经的荣华
没有绿荫
没有絮花
没有纤细
没有假发
你谦虚的根是吸收养分的收藏家

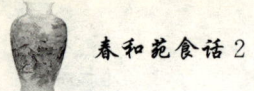

在春雨的关怀中勃勃发芽

正如你庄严的情感
映着山
映着水
映着林
映着清新的美味与纯真的佳音

崂山拳头菜

崂山拳头菜

崂山拳头菜是远近闻名的崂山特产。

崂山拳头菜散生在崂山巨峰之南、王哥庄一带向阳的半山坡土壤较厚的地方。它以孢子形式传宗接代,在生长的地带多以群状分布。每年的4月下旬,幼芽就会破土而出;幼嫩的叶芽尚未展开前大都集中在叶柄的顶端,那些蜷曲的叶片恰似一个个握住的小拳头,故名拳头菜。不过,这些可爱的小拳头太阳一出很快就变"拳"为"掌",如此之后,它的食用价值也就大大地打了折扣。崂山民间有"日出前是拳头菜,日出后是蕨(jué)草"的说法。植物长成后可高达1米。每年5月中下旬,幼叶长出5~10片时是采割的好时机。崂山山民采割后多用水烫,然后晒干凉透。这样便于收藏。食用时温水洗净,开水泡四五个小时便可入烹。当然,鲜食也可,不过得用开水一烫,以除去约略的苦涩和增添好的口感。

其实,这种隶属于凤尾蕨科、多年生草本的植物宝宝,我国大江南北均有出产,俗称龙头菜、如意菜、商山芝等。如果更深入地追究,蕨类植物,学者们考证,本是地球上的一个古老的物种。据说,在远古时代,地球湿润温暖,蕨类植物曾称霸地球;它们高达十几米,有两米左右粗,是树木的形态。可是,沧海桑田,这类植物的遗体如今只能在煤层中偶露身影。现在生存着的草本的蕨菜是从前蕨类的哪一支怕是难说得清了。不过,这也无妨,它与人类,尤其是自在《诗经》释文中以鳖(biē)的乳名出现,与国人的情分不仅源远流长,也很特别,让国人难以忘怀。

　　块破擘拳出,盘行转眼空。救荒非小补,粉骨不言功。

　　南宋诗人洪适的《蕨》诗,描写了蕨菜的形状和作为救荒食品的功用。拿蕨菜救荒,一代代国人的确做过。李时珍《本草纲目》上说得明白:平民在荒年时掘取蕨食,但制造不精细,只能用来救荒,所以味道也不美。老天爷制造的麻烦,人不吃饭不行,救荒是无奈之举,还顾什么口味上的美不美。按元代太医忽思慧《饮膳正要》上的说法,"蕨菜,味苦,寒,有毒。动气发病,不可多食",弄不好会吃出人命。更有甚者,《搜神记》载:郄(qiè)鉴部下的一个士兵随行打猎时吃了一只蕨菜,回去之后渐渐病怏怏,后来竟从口中吐出一条小蛇。小蛇悬挂在屋檐下又变干成蕨了。这不是在玩恐怖吗! 但是,对待蕨菜,千万别气馁。依晋人陆机的说法,蕨菜这物可以用作祭祀的供品。我们在宋代陆游的诗作中能读到"蕨菜珍嫩压春蔬"、"箭笋蕨芽甜如蜜"的诗句。李纲《食笋蕨》一诗上更有"山蕨迩(ěr)来尤脆美,一杯聊试煮坡羹"的佳句。我们更能在南宋华岳《野菜吟》

崂山拳头菜

一诗上看到"蕨脑才抽稚子拳"的蕨菜的形态之美。这仍不够。司马迁《史记》上,我们知道商朝末年孤竹君的儿子伯夷、叔齐兄弟俩,因推让国君之位双双投奔到周。可是,周武王灭商后,兄弟俩发誓不食周粟,跑到首阳山(今河南偃师境内)上采蕨而食,终饿死在山上。多么有气节的兄弟俩,但却损毁了蕨菜的名声。不过,事情也该峰回路转。史料记载,秦时,有四个被人们称为四皓(hào)的志行高洁的老者,为避乱而隐居商山(今陕西商洛市境内),在山上也是以蕨菜为主食。后当了皇帝的刘邦都未能将其请下山。四皓后来都高寿而终。采食商山芝而心逸,夷齐采食蕨菜而心忧。一个长寿,一个夭亡,与蕨菜有什么关系呢?《本草纲目·蕨》)也懂心理学的李时珍说的不无道理。

崂山拳头菜的历史上没有发生能让国人茶余饭后谈古论今的风云轶事,甚至连它什么时间在崂山安家落户都说不清道不明。可是,它是作为"神仙宅窟,灵异之府"的海中名山第一的崂山挺重要的一分子,是国人公认的崂山山珍,曾经送官府寺庙供奉达官贵人。周至元《崂山志》有"苗入蔬,初生如小儿拳"的记载。《青岛崂山》一书言:"用拳头菜炖鸡、炒肉,味道十分鲜美,是崂山独特的美味佐菜。"南方的蕨菜我吃过,那股寡淡之气和总是摆脱不了的苦味让人扫兴,更何况它在南地本就不是缺者为贵的角色。东北三省的蕨菜我吃得最多,接触得更不少。事厨时,那些袋装的"山野菜",每每拌之待客,品尝时那

些粗粗的纤维使人不爱;其中为了标榜绿色食品多量的添加剂使我的双手也染上了讨厌的绿色。干料能好吗?不知道。崂山拳头菜无论干货还是鲜货,都是本然的褐色,只是程度上略有差别。它的好品质都被好看亲切的色泽拥抱着,甜甜蜜蜜。崂山的土壤、水质、气候和道风仙骨的气韵助它成长。美食之路它能独行,也能辅佐,尤其对鸡肉与猪肉热切的爱真可谓海枯石烂不变心。袁枚《随园食单》上"用蕨菜,不可爱惜,须尽去其枝叶,单取直根,洗净煨烂,再用鸡肉汤煨。必买矮弱者才肥"的经验之谈,是没得如崂山拳头菜样好品质的蕨菜的总结。梁章钜《浪迹丛谈》:"余亦喜食之。忆与同官吴门时,每饭必具,而烹制尚未得其法",是实话实说。薛宝辰《素食说略》中的商山芝"即蕨菜,初生名小儿拳。以滚水浸软,去根叶及粗梗。择取极嫩者,以高汤煨之,气香而味别,野蔌佳品也"的叙述,倒让人觉得当年曾使四皓高寿而终的陕西商洛的蕨菜能与崂山拳头菜有得一拼。多少年来,崂山人不仅将崂山拳头菜看成是美味佳肴,也看成是滋补佳品。据说它祛风湿,解暑热,开胃,还能促进人体的内分泌。蕨菜一物,现代营养学分析,含有特别的蛋白质、丰富的碳水化合物和少量的脂肪、钙、磷、铁、胡萝卜素等微量元素,并且其中的蕨甙、蕨素和抗坏血酸类,他物少含有。现代医学研究报告,它清热,滑肠,降气,化痰,对治疗高血压、失眠、风湿性关节炎、肠道疾病等都挺有利。只是要小心能伤人、伤牛马的化学成分。所以,最好干收,每食开水一烫。

崂山拳头菜

拳头菜

似人的拳头
还是伯夷、叔齐留下的牙痕
用岁月的印记
叙说不食周粟的气节

看上去是拳头样的植物
并没有将胃打翻
让逃避秦乱的四皓
成了长寿的隐者

到何处寻觅
用豁达的心
曾经存放过的情感
会不会被时间冲淡

漫漫的天空
无奈的想象
能不能让思念的方向转变
贴地的身
孤高的魂

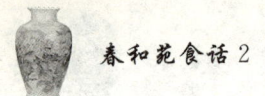

纯洁的低诉

别了
心中那颗无人知晓的拳头菜瓢
别了
追寻不到的空洞希望

似乎你还在频发短波
似乎你还在给风雨的飞舞解说
不停地切换画面
不停地配音增色

哦
凤尾科植物的你
是向春天使者调皮的小拳头
用嫩滑的脾性在文学餐桌上撒娇
清热化痰都是你的心意

蒜泥蕨菜的名字
是人们对你的爱称
你用美味安抚多愁善感人的食欲
不再回忆昨天的故事

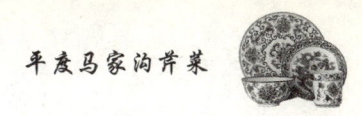

平度马家沟芹菜

清代张雄羲(xī)《食芹》诗：

种芹术艺近如何,闻说司宫别仪科。深瘗(yì)白根为世贵,不教头地出清波。

读罢此诗,让人不难感到,在诗人眼里,种芹不仅是"术艺",还有着形而上的东西。我想,如果张诗人能一尝青岛平度马家沟芹菜,不知能有何感想。可惜,关于时间隧道云云,至今我们仍玩概念。

青岛平度马家沟芹菜,目前已成青岛著名商标、山东省农产品名牌,也被国家质量监督检疫总局作为地理标志加以认定。这样,马家沟芹菜的立地条件、播种日期、栽培密度、施肥标准、杀虫措施、质量特色、收获与贮藏等都有了硬性规定。所以说,马家沟芹菜谓国内芹菜中的老大不为过。马家沟芹菜如今不仅远销北京、上海等大中城市,青岛初冬时节,还有它的专门节日。

这伞形科植物的蔬菜,一定深爱着平度城外那片沟沟渠渠的基础上培育起来的土地。600余年前,由河南固始县迁至此的马姓人家,不曾想到当年的选择成就了一个安家落户的村落,其后代也成为芹菜地里的守望者。据当今有关部门的土壤测试报告,马家沟一带,除了地理位置、气候方面上适宜芹菜的生长外,那些保肥、保水力强的土地,是富含有机质的微酸性土壤;芹菜需要量最多的三种微量元素钙、镁、硼,都超对照的二三倍以上。这样的土地,能不成为芹菜的乐园?它的被公认的颗大茎长叶柄空心的特征,色泽黄绿、脆嫩清香、味道鲜美的品质,也是传承了中国芹菜的真功夫。

自芹菜一物在《周礼·天宫·醢(hǎi)人》上以芹菹的面貌出现,它就与国人情意绵绵。春秋时的鲁僖公曾在泮(pàn)水之上作宫,宫成后他带着好酒"思东泮水,薄采其芹"。(《诗经·鲁颂·泮水》)只是不知当年的僖公是采芹菜玩玩,还是拿芹菜下酒。《吕氏春秋·本味篇》记,在厨神伊尹的眼里,芹菜是"菜之美者……云梦之芹",芹菜是确定无疑的美味。唐宋之后,芹菜菜肴不得了了。杜甫的诗中有"饭煮青泥坊底芹"(《崔氏东山草堂》)和"香芹碧涧羹"的诗句。苏轼《东坡八首》之三:"雪芽何时动,春鸠行可脍。"并有"蜀人重芹芽脍,杂鸡肉为之"的交代。这是什么意思?是向世人表明,芹菜不仅有特立独行的美食层面,也能当好配角。清代袁枚《随园食单》:"芹,素物也,愈肥愈妙。取白银炒之,加笋,以熟为度。今人有以炒肉

平度马家沟芹菜

者,清浊不论。不熟者,虽脆无味。或生拌野鸡,又当别论。""可素不可荤者,芹菜、百合、刀豆是也。"此乃形而上和形而下兼而有之的论断,为芹菜的美食主义指明了方向。薛宝辰《素食说略》"芹黄":"切段,以香油同豆腐干丝炒之,甚佳,止炒芹黄亦佳。或切段以水瀹(yuè)之,盐、醋、香油拌食,尤为清脆。"这是芹菜本身开发的新天地。这样的事例,我不能在这里一一叙说。总之,芹菜在国人的心目中可谓光彩照人。并且,这种力量还渗透到国家最高机构中君臣关系的建立上。柳宗元《龙城录》记,唐代左相魏征时常摆出一副严肃的面孔进谏。一次退朝后,唐太宗问侍臣有什么办法能让魏征温情一点。侍臣告诉唐太宗只有醋芹才能使魏征高兴。第二天,唐太宗召见魏征时赐醋芹三杯。魏征见之果然眉飞色舞,一顿饭没吃完,三杯醋芹已吃了个净光。见此,唐太宗笑着对魏征说:"你自称没有什么嗜好,朕今天可亲眼见到了!"魏征回答:"君主无为而治,所以没有什么嗜好,臣做具体的工作,唯独喜欢这种收敛物。"君臣二人,一个从善如流,一个直言敢谏。这种互动,在历史上留下了千古佳话。醋芹的故事也是不离根本。

食芹之美心独苦,不为家居泮(pàn)水东。采采盈筐转无味,借君老面折春风。

这是元代龚璛《送醋芹》诗。龚璛,字子敬,以江浙儒学副提举致仕,有《存悔斋稿》留世。诗人于诗中不仅赞美了醋芹之美,也描述了人们采收芹菜的情形,并借用鲁僖公"思东泮水,薄采其芹"之典故。不过,龚琳的醋芹却与唐太宗的醋芹有味道上的出入。它与杜甫、苏轼、高启、陈继儒、张雄曦等芹菜美食学的拥戴者那些心头的滋味又藕断丝连在哪里?

从若干马家沟芹菜菜肴上,我们找不到醋芹的影子。不过,凉拌的糖醋芹菜亦甜的口味中,那并不坚定的醋酸能不能"洗"我们的脑子,实在是说不准。它的胶东人拒绝"甚酸"的态度,去腻开胃的作用,也让青岛人欢喜。肉丝炒芹菜,在袁枚眼里虽"清浊不论",可它的悠悠旧情,它与肉丝营养上的互补,它口味上的上佳与家常的亲切,哪个青岛人不爱!海米炝芹菜的脆香鲜嫩与色泽搭配上的顺眼,太多的人是吃它千遍不厌倦,何况它还满足了海边人对海味的嗜好。芹菜炒牛肉与芹菜炒香菜,皆是味道上的绝唱,是放之四海而皆准的美味佳肴。芹芹水饺与清蒸芹菜叶,除了味美,更有家庭的温暖。

关于马家沟芹菜,青岛有这样的传说:崇祯 14 年,李自成的东路军挥师北上攻打北京时曾途径平度。当时正值三伏天,酷热难当,不少士兵萎靡不振,甚至生病了。值此,有的士兵因吃了马家沟的芹菜病情大有好转。此事传扬开后,士兵们争相吃食,结果芹菜供不应求。见此情景,李自成军队中的指挥官只好下令每分队只分四五颗芹菜回去熬汤喝。这样,数日后,士兵们恢复了体力,有了之后李自成部队攻下北京崇祯帝吊死

平度马家沟芹菜

在煤山的历史。另一传说,清光绪时,平度知州潘民表患严重的头痛风病,请多名医生医治也不见成效。潘民表身边的厨师心急了,到处打听能治老大头痛病的方子。有人让他买郊外马家沟一带的芹菜当药膳试试。厨师听言,得芹菜回去后先配了个芹菜炒肉丝让老大尝了。老大觉得味道不坏。接下来的几天,老大听厨师的劝说,拿从前未吃过的芹菜菜肴当主打,不仅满足了口味之需,久治不愈的头痛病竟奇迹样地好了。由这桩事上,潘民表认识到马家沟的芹菜是好东西,从此后,不但自己常吃,也动员当地人多种和加以爱惜,空心的中国芹菜更成了平度马家沟一带的特产,誉满胶东。

莫非马家沟芹菜是什么灵丹妙药?没有研究,也没听说他人研究过。其实,也不必对马家沟芹菜进行食疗方面的刨根问底,找出个所以然来。就整体的芹菜而言,中医的看法,它性凉,叶甘辛,无毒;入肺、胃、肝经。它清热除烦,平肝,利水消肿,凉血止血。对治高血压、高血脂、血管硬化、头痛、头晕、暴热烦渴、黄疸、水肿、小便热涩不利、妇女月经不调和痄腮等疾病有利;它还能增强性功能,保持肌肤健美。所以,西人历来视其为夫妻菜。当今对芹菜的营养分析报告,每百克芹菜含水分94克,蛋白质2.2克,脂肪0.3克,碳水化合物1.9克,还有丰富的胡萝卜素,维生素B_1、B_2、维生素C;其钙、磷、锌等微量元素含量尤其多;还有芫荽甙、甘露醇、有机酸等物质。英国科学家研究证明,食用芹菜可部分抵消烟草中有毒物质对肺脏的损害。意大利米兰大学最新研究成果表明,芹菜含有刺激体内脂肪消耗的一种化学物质,加之芹菜含粗纤维,它的减肥效果毋庸置疑。这一切,我们该理解芹菜为何也称为药芹了。马家沟芹菜除了严格使用有机肥料,还喷洒发酵酸奶和富硒。富硒,医学界称之为生命的火种、肝脏保护神和抗肿瘤之王。所以说,马家沟芹菜对我们会更加关爱!

阳光从清晨窗外洒进来/我从 down 到谷底的梦中醒来/冰箱只剩下一颗芹菜没早餐/我不太习惯没有你在/爱能不能永远一半一半/所以我学着释怀/当我开着冰箱看着芹菜发呆/心情还是有一点无奈/oh,算了吧,忘了吧,丢开吧,微笑吧/应该像芹菜/虽然苦苦的、涩涩的、甜甜的、酸酸的……

该多吃点芹菜的帅哥林志颖,将来如能在马家沟芹菜节舞台上把《芹菜》唱响,我想,青岛人会送一大捆芹菜让你抱回家。问我爱你有多深,马家沟芹菜代表我的心。2008 年网上创意情人节时,不是有人建议芹菜取代玫瑰吗?

醋　芹

唐太宗那杯醋芹能否传到今天
在善意的作弄中让欲望大笑
历史总有它向前的方向

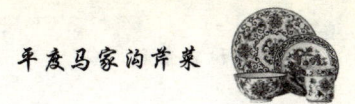

平度马家沟芹菜

物是人非也承载着浓浓的感情

柠檬似的香味牵一下佳肴的双手
盐分点化出异常的品味
材料与口味解说了今日的追求
美眉的唇膏也涂上彩梦

阳光映着绿色的菜点
眼神的闪烁随段段入口的滋味眯成了一线
被人赠送的
不一定都是发自内心的情感

君臣之间能有多少真情的流露
一个从善入流
一个敢于直言
却原来
治大国若烹小鲜

都道是昨日里有说不完的故事
夜色中也透着七情的光亮
今晨的困倦梦成了一个甜美
笑那历史上演义出多少心绪的真真假假

扁 豆

扁豆的得名,因了豆荚的形态。

我们的世界之上,扁形的果实的确不多,扁豆可谓形态方面的特立独行者。可惜的是它并没有从一而终。《唐本草》上先是以"藊"(biǎn)字亮相;《本草纲目》又以沿篱豆、蛾眉豆称之;《药品化义》一书上,它又成了羊眼豆;《说文长笺》和《广州植物志》分别以㸑䝁(yǎn yí)和膨皮豆称谓;另外,眉豆、藤豆、鹊豆等也是非它莫属。"扁豆"一说似是抓住了问题的实质,尽管只在形态上做足了文章,不掺感情成分,但大家就是认了。我想,如果这长着菱状广卵形的叶子,蝶状簇花的豆科植物能够自始至终一"扁"孤行,它的形象更会鲜明。

不管怎么说,国人还是深深地爱着它。它所含的丰富的植物蛋白、脂肪和糖类,微量元素中的钙、磷、铁等,食物纤维和维生素 A、B、C 类,都对我们的身体很有好处。它含有的血球凝集素,是一种蛋白质类物质,可增强脱氧核酸和核糖核酸的合成,抑制免疫反应和白细胞与淋巴细胞的移动,有显著的消退肿瘤的作用;尤其是扁豆中的白扁豆,作用更明显。李时珍《本

扁　豆

草纲目》：硬壳白扁豆，其子充实，性温平，得乎中和，能补脾。进入太阴气分，通利三焦，能化清降浊，故专治中宫之病，能消除暑热湿气，也能解毒。传统中医认为，扁豆性甘，味平，有健脾和中、消暑化湿的功效。可拿它治脾胃虚弱，食欲不振，食少久泄和积食等疾病。

老妻书至劝还家，细数江乡乐事赊。彭泽鲤鱼无锡酒，宣州栗子霍山茶。编茅已盖床头漏，扁豆初开屋角花。旧布衣裳新米粥，为谁留滞在天涯。

清代游宦在外的方南塘先生在扁豆花开的时节收到了家中妻子的来信，对屋角边篱笆的思念让远在天涯的他不能自已，于是感情的闸门打开，情感便稀里哗啦地流淌到笔端。由于年代的关系，我们不知道当年的方夫人什么扁豆菜肴最拿手，我们也不知道这位江苏籍的收藏家当年最欣赏什么样的扁豆菜肴，也许，也会如明代高濂用"白扁豆半斤、人参二钱，作细片，用水煎汁，下米作粥食之"（《饮馔服食笺》），或者像袁枚一样"取现采扁豆，用肉、汤炒之，去肉存豆"（《随园食单》）。文人总有文人的嗜好与雅趣。看明代王伯稠品读"豆花初放晚凉凄"的秋天傍晚的滋味，清代查学礼钟情"最怜秋满疏篱外，带雨斜开扁豆花"的情调，我们实在对方先生当年的嗜好和由嗜好而引发的情感难以揣测，但由诗作上看得出，扁豆也是乡愁的内容，与诗人故乡的鲤鱼、酒、栗子、茶等紧密地联系在一起。

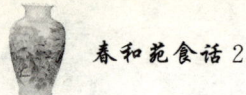

有了这些,晋时的张季鹰便可"遂命驾便归"了;有了这些,亲爱的妻子音容笑貌也就更加地让其思念。只是辜负了这一份情感心情好不到哪里去。好在扁豆这物有为你"留滞在天涯"的精神,哪怕岁月将它变老,如果你不能与它相约在篱笆旁。当然,前提是放弃了它的"气清香而不串"(《药品化义》),"单炒者油重为佳。以肥软为贵"(《随园食单》)的好品质;它与肉丝、辣椒口感上的绝唱更不能领略了。车前子《吃扁豆时候的习惯》:"在蔬菜中我觉得扁豆是最接近鸡鸭鱼肉的植物。"文中关于炒扁豆需加姜的交代,我觉得颇有道理。加姜是口味的需要,不是习惯。

带雨繁花重,垂条翠荚增。烹调滋味美,惭似在家僧。谷雨方携子,梅天已发秧。枝枝盘作盖,叶叶暗遮旁。伏日炎风减,秋晨露气凉。

在清代黄树谷《咏扁豆羹》这几句诗中,我看不出扁豆羹的模样,更品不出它的滋味。

不过,吃扁豆应记住一点,它含有植物血凝素和皂素,如炒不熟会发生食物中毒。

扁　豆

似亚洲西南部的脾性
也有地中海东部的涵养
你和着风儿的节奏
轻轻地与邻居们叙述起源的篇章

蝶状的花
开在长藤缠绕的篱笆上
看一簇簇绿的轻盈
联想着苦练语言功夫的本领

棚外的秋雨细细地飘洒
好像亲抚你的使者
生命的绿
便有了调色的手掌

皮中的果实
有一种希望
剥开了外衣
会迸出一手的清香

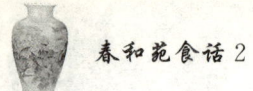

就这样一年又一年
就这么花开花落
花开花落
萦绕的旧梦中
是否还有心的情结
爱的期盼

通往清香、不串味的幽径中
还能有哪位心上人把头搭在你的肩上
像懒睡之态
似娇美的念珠

思念的尽头
是蝶飞的梦还是隐居的情
是否真有
"采菊东篱下,悠然见南山"的意境

那翻炒不透的思念会不会毒性发作
假如再添一把火辣辣的语言
又如何将情醉品尝
明明想激情奔放
却摘了一筐的苦涩和失望

野　菜

车前子《故乡的野菜》言:"野菜是没有故乡的。"

荒郊野外这样那样的野菜的确是居无定所没人管束的野孩子。每年,只要春回大地,野菜便漫山遍野地生长了。说它没有故乡不无道理。不过,心中仔细揣摩,我看也未必,如苦菜多见于北方,水蕨、鱼腥草大都恋着南方的土地,山豆苗对泰山一带情有独钟,鸡土丛又爱着云南的一山一水。依我看,野菜似是不把故乡看得很重,很具体,但使起性子来又偏执得很,非与之共存亡不可。当然,这样脾性的野菜少之又少。周作人《故乡的野菜》:"日前我的妻往西单市场买菜回来,说起有荠菜在那里卖着,我便想起浙东的事来。"野菜与故乡紧密相连。

这野孩子的野是骨子里的。芹菜、萝卜等等若干年前不也是野孩子出身！但是,如今的它们个个温文尔雅,与人类心连心,手拉手。野孩子依然野得很。

不过,这些野孩子的野脾性也造就了它们的个性。荠菜能清肝明目,中和脾胃,止血降压,对高血压、冠心病、肾炎、妇科疾病有一定疗效；马齿苋含甲基肾上腺素、香豆精、黄酮、强心甙等，有抗菌、止血作用，可清热解毒，散血消肿，民间多用它治痢疾；苦菜，中医认为味苦，性寒，可清热解毒，补虚，止咳，当今医学报告，它具有抗癌作用；蕨菜含有蕨甙、蕨素等特别成分，也有清热、益气、养阴、化痰的功效，对于高热神昏、筋骨疼痛、小便不利极有好处。实际上，野菜的品种多着呢！我这里不能一一列举。不管是哪一种，还应清楚，野菜普遍含有抗氧化成分。韩国著名化妆品牌罗美 GEO 野菜系列，就是利用野菜提取物的成功范例。该产品可防止皮肤粗糙，促进新陈代谢，使皮肤活性化。另据日本学者的研究报告，少量不时地吃点野菜可以长寿。

荒村无鸡豚，何以供刀机。山蔬杂百种，此物含妙理。幽居有胜事，一笑随稚子。朝甑（zèng）饭凫茈，暮鼎羹马齿。笋包出土肥，蕨叶含露紫。试采少陵苣①，更撷（xié）天随杞②。举杯香覆坐，摇喉滑流匕。悠然理坐策，果腹万事已。君看金谷楼③，步障五十里。韭齑及豆粥④，为具呫嗫耳。四观奇祸⑤作，一死政坐此。寄声肉食徒，吾事勿轻鄙。

——《四库全书·太仓稊（zǐ）米集》卷四

这是宋代周紫芝《撷野蔬示小儿》诗。所谓示小儿，实则表达了诗人甘于食野蔬的情怀，并将野蔬适口和能饱腹远祸的好处与晋代时过糜烂的生活终丢了性命的石崇作了比较。

野 菜

野菜是好东西,可以上餐桌,更是度荒的有功之臣。它的食疗作用更不用说。野菜很早就进入了国人的生活。《诗经·国风·周南》,"采薇采薇,薇亦柔止",春天来了,薇菜正当鲜嫩;"采采卷耳,不盈顷筐",一位少妇在采摘苍耳,因思念远行的丈夫,把菜筐弄翻。《诗经·邶(bèi)风·谷风》:"我有旨蓄,亦以御冬",不仅吃野菜,还把一部分储存起来以度过食物匮乏的冬天。实际上,《诗经》一书,记野菜30余种,可见古人对它的重视程度和它在古人心目中的地位。《醉翁亭记》:"山肴野蔌(sù),杂然而前陈者,太守宴也。"野菜上了太守的大宴。《影梅庵记》中记董小宛善于腌制野菜,使黄者如蜡,绿者如翠。明代鲍山著《野菜博录》一书为野菜立传。所以,陆游以"采采珍蔬不待畦,中原正味压纯丝"(《食荠》)的诗句,赞美荠菜的味美;刘过"一杯紫蕨江西羹,万户封侯犹未当"(《郭帅遗蕨羹》),表明自己甘愿贫贱,希望肉食者们能收复失去的宋朝江山;南宋华岳《野菜吟》诗上"蕨脑才抽稚子拳,芦牙已进佳人指"、"携笼拍塞贮不尽,归来满袖春风香"的佳句,不仅描述了野菜的美,也描写了人们采摘的情形。可以说,野菜与国人的情分情深意切,源远流长。

野菜生长于荒野之中,山丘之上,采集天地之灵气,吸取日月之精华,是大自然的造化。它含有人体必需的蛋白质、脂肪、碳水化合物、维生素、矿物质等,而且植物纤维丰富。有的野菜维生素、矿物质的含量比栽种的蔬菜高几倍,甚至几十倍。大多数野菜生长于山林之中，未受到现代工业和农业化肥的污染。它虽气质不足，但有个性。它的绿色的生命气息，纯真的鲜香，不是大棚里的青菜能够具有的。它的平易近人，不似动物中的"个别的肉"那样高高在上，更没有"个别的肉"的怪异之味，需要刮、剥、煮、蒸等工序和葱、姜、高汤类辅料参预，十八般武艺统统用上，才能将其请上餐桌；只要清洗净泥土，用开水一烫，它的好处立马呈现，并且你就是你，我就是我。它是上天的礼物，是人与自然相互关照的吻。当你吃腻了大棚蔬菜，当你因害怕各种问题青菜而有了返璞归真的念头，不妨吃点新鲜野菜，哪怕不能到大自然中而在城里的菜市场上买一点。我们越发地养尊处优的身子需要一点自然的东西冲击一下。不过，也应当记住，有的野菜以其偏颇之性对久食者产生危害，所以，吃野菜也有个度的问题。

注：①少陵苣：杜甫因居少陵，诗中自称少陵野老。苣，莴苣。杜甫写有《种莴苣》诗。

②天随杞：陆龟蒙，自号天随子，写有《杞菊赋》。杞，枸杞。

③金谷楼：晋代石崇的别墅，崇尝于此大筵宾客。

④韭蓱与豆粥：《晋书·石崇传》载：石崇家长于烹制豆粥，也长于制韭蓱，以此向人夸耀。

⑤奇祸：《晋书·石崇传》载：石崇因贾后被废而遭免官，后又为人谮(zèn)，被杀。

野菜

野　菜

万壑烟霞无限春工的诗意
被南宋华岳《野菜吟》推向顶峰
碧云轻飘的情
如一缕缕春风吹满盈袖
思念的种子
膨胀在漫山遍野

野性的味道
怎不让人年年顾盼年年陶醉
朝挂露珠夜吟心语的涌动
期盼懂你的心上人来一个香吻
唉
梦境里已是情意绵绵

没有故乡的偎依
只好把情丝托向天边
想想
花儿
草儿

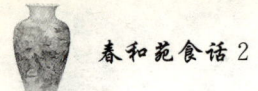

鸟儿
哪个不是附庸风雅地摇头晃脑

唯你的真心
推倒多少假意的屏风
嗡嗡响的
龇牙咧嘴的
投怀送抱的
信口开河的
多少花样的翻版
你都无暇顾及

你只管前行
前行
你不惧狂风雷电的大作
以对立统一的观点理解大地的仁慈
没有抱怨
没有哀叹

不管腹胀与饥饿
谁敢小觑你的举足轻重
野性的灵魂

野 菜

野性的微笑
令人着迷的似懂非懂的初恋
那轻蹙(cù)一下眉头的娇态
早已胜过万语千言

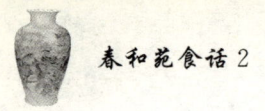
春和花食话 2

我们的炸

自国人在厨房里以油为介质对烹调原料进行炸制,我们对食物的认识不仅有了品质上的飞跃,更有了烹饪学意义的开拓性的进展与张扬。

每当我们被一盘盘热腾腾、金灿灿、香喷喷、嚼之脆嫩鲜美的麻花、虾仁、小黄花鱼等美食俘虏,享受的是口福;而炸鸡椒、松鼠鱼类带给我们的又是艺术的盛宴,并且这盛宴在瞬间里又被我们的牙齿胜券在握地一一破碎,收获一种由食欲驱动的"毁美破硬"的快感。炸法技艺上的分门别类、有章可循,又让我们胸有成竹。可以说,炸法是烹调原料借食用油与热力手拉手大踏步地向美味佳肴行进,是烹饪美食学热烈的畅想曲。

一个炸字,表面之字意,该是物之内力突然的爆裂。广义地讲,燃料燃爆、炸弹爆炸甚至核聚变等都是它的姊妹。而这类玩意儿,先觉者该是国人。国人骄傲的四大发明,以"炸"显威的火药就列其中。但是,之后的岁月,国人没有让其发扬光大,而让西人后来居上。可是,谁又曾想国人厨房中油炸却蔚

我们的炸

为大观,姹紫嫣红,使西人单一的面包渣炸系列不能比。

要做成一份上好的炸物不是容易的事情。就以炸虾仁为例,首先要确定是外酥里嫩还是外软内嫩的主题。如果是外酥里嫩,就得按炸法之一的干炸的章法办事。清洗干净的虾仁挤干水分,尔后加入盐、味精类入味。虾仁在挂上淀粉、蛋黄、泡打粉、生植物油调成的糊之前,得先沾上一点点面粉,使糊能充分均匀地裹上。锅里的植物油烧到六成热后才能逐一将虾仁下到锅里去,并中火升油温,让虾仁散开在油中。待虾仁挺住身子,用漏勺捞起使虾仁稍凉,油温升起,再入虾仁复炸。如此反复二三次,一份色泽金黄、自然舒展、外酥里嫩的炸虾仁便大功告成。而软炸虾仁呢,程序不变的前提下,油温要低,裹料的糊只能使用蛋清而放弃蛋黄。这样的炸虾仁自然外软里嫩,是牙齿不坚的老年人的首选。当然虾仁的炸法不止二法,纸包炸、雪里炸、板炸皆可,因人因需而定。就炸法而言,并不是只虾仁一物,只要是小型无骨脆嫩的动、植物原料,原样或将之切成块、片、条,入味之后都可入热油炸制,但必须是用宽油锅,让原料浸入油中,按部就班地进行。鲁菜系以鸡为主角的炸制菜肴中,炸八块、香酥鸡曾经名扬天下。香酥鸡当属青岛春和楼饭店。

翻开国人炸制菜肴之烹饪史,当然离不开对油的认识,这是基本的条件。关乎油,先祖们还挺搞笑。《淮南子》:"无角者膏而无前,有角者脂而无后。"将动物有没有角看成不同的脂与膏。油之闪亮登场,又是麻油为先,并且被应用到政治家们的杀人游戏中。《三国志·魏书》:"孙权至合肥新城,满宠驰往,赴募壮士数十人,折松为炬,灌以麻油,以上风放火,烧贼攻具。"不过,这里的麻油说法有二,一说蓖麻油,一说香油。只是这问题不是今天要谈论的事情。油之广泛食用,大概始于魏晋南北朝。《齐民要术·饼法》:"用秫(shú)稻米屑,水蜜溲之,强泽如汤饼面,手搦(nuò)团,可长八寸许,屈令两头相就,膏油煮之。"做的是一种糯米粉为原料的类似麻花、馓子类的名为膏环的油炸食品。据史料记载,此年代,这类食品相继出现,如粲(càn)、寒具等,并且成了时尚食品。《晋书》记:一个叫桓玄的人喜爱名人字画,每有客人来访愿拿出来炫耀,并备上油炸食品寒具。客人便一边看字画,一边吃寒具,结果字画遭油污。吃了亏的桓先生很是生气。从那后,客人来访时字画依旧,寒具没了。这一历史小插曲可为中国烹饪中炸法之发展史提供茶余饭后的谈资。国人的炸技艺进入辉煌期是在明、清二代。这期间,随着社会性餐饮的空前繁荣与壮大,食用油的提炼技术越发地成熟与深入,一切都是水到渠成。明代《天工开物》一书记有胡麻油、莱菔籽油、黄豆油、菜子油等的品质及其详细榨制法。清代初期的集天下菜肴之大成者《调鼎集》上,炸制菜肴也有若干。

炸法,是形而下的技法,但却为我们的美食主义创造条件

我们的炸

和铺平了道路。这种技法有章法,有可塑性。红烧、炸熘等是其可塑性的延伸与例证。我们对菜肴的品质和品位有了追求与依托。掌握这些技法,需要有继承、有耐心、有艺术的想象力等,个人的经验也十分重要。它是日复一日年复一年的经验积累。你想成为烹饪大师吗?对不起,先须用三五年过"炸锅"这一关,并虚心学习,耐得住寂寞,在时间与油温毫不含糊的互动中寻找原料的美食主义。

不过,尽管油炸之法历史悠久,战果辉煌,是我们的好朋友,但是,目前也遭受着困惑。据当今营养学与医学研究报告,它对人类的害处有四:一、长时间的高油温使油脂氧化分解,生成的羰(tāng)基、醇烃、丙烯醛等破坏人的口腔与肠道粘膜。碳链闭合产生的二聚体、多聚体构成的大分子二烯环状化合物是砸向人的肝脏的黑手,导致癌变发生;二、过长时间的高油温夺走了食用油与原料该有的必需脂肪酸、脂溶性维生素等营养;三、进食过多油炸食品会使人体内的脂肪积累过多,造成体胖,易诱发冠心病、高血压、胆结石等;四、食用过多油炸食品,会使人的食欲下降,生长受抑制,降低肠壁对营养素的吸收力,并使人的肝、胃、肾类器官萎缩,导致胃溃疡、胃肠胀气,甚至癌变。

我们的炸,你也一路风雨。但是,眼下,你正走到十字路口。在人们的健康意识愈加强烈的背景下,不知你明天能否走好!

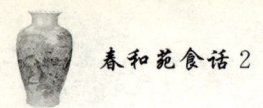
春和苑食话 2

炸藕盒

红白相间的肉馅调出春意
染一片玉白的藕
脆嫩
清爽
有趣
当金黄的色彩唤醒大快朵颐的香味
是不是掌控的"炸"才是泼辣靓丽的根本

那油中滚炸的不光是外酥里嫩的甜蜜
妩媚的容貌分明是勾起思念蔓延的开始
也许
你也在炸的情感世界里挣扎
也许
你早已跳出界外逍遥而去

如果你是浮标
谁来找寻
如果你如乏味的诗稿
谁还会吟

我们的炸

再醇的美酒也得有人来品
那沉醉不醒的鸳鸯不会永远倒地不起

为什么不想陷入却偏偏灼伤
春心萌动的急切如"七窍生烟"的藕孔
这灼痛的感觉怎么释放
忘不了的情怀忽而似薄如蝉翼的透明
忽而又像坠入烟雨蒙蒙的雾中

点缀在盘边的西红柿、香菜托付着谁的梦
都道是一炸
一味
一语
却原来无语的境界才能打包独品命运的心情

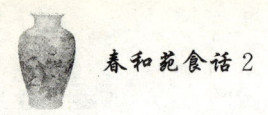

春和苑食话 2

崂山北宅樱桃

我自幼就喜欢崂山樱桃。每当春暖花开,红玛瑙样的樱桃由朴素的山里人用一个个柳条小筐送到村头。虽每一次吃上的几率很小,但是,我与伙伴们还是馋劲十足叽叽喳喳地围拢上去。这样过足了眼瘾的同时,也让为什么樱桃好吃树难栽、鸟爱吃、樱桃树偏爱崂山等等的问题再一次不厌其烦地在懵懂的脑海里翻转,直到兴趣减下来。

是啊,我居住的大北曲村距崂山脚下仅十余里的路程,每天早晨站在大街上东望,一座座山峰的倩影清晰可见。偌大的一个村子,几千亩土地,也没听说谁家栽种樱桃树半棵。不仅如此,方圆几里的几个自然村,关乎栽种樱桃树,也是闻所未闻。樱桃,难道非崂山莫属?

中学之后,我与小伙伴们有能力寻访崂山,第一个任务是看一看那结出甜蜜的红玛瑙样樱桃的树是啥模样。没有想到,几个好奇的人还未走近那棵他人指点的遮了一户人家的半个院落的樱桃树,不知是弄出的声音太大还是怎么的,院落里猛然蹿出的一只大黄狗彻底搅了局。我们落荒而逃,嘴里不停地

崂山北宅樱桃

喊着"都别跑,越跑狗越追",企图团结一心增加勇气扭转局面,可是,个个还是争先恐后。那一天,多亏了那可恨的狗没有把我们看成是不共戴天的仇敌,追了一阵子便折路而返,要不准弄出乱子。重整队伍后,我们只好另选目标,当然有了绝不要乱动的教训。这一次崂山之行,我们不仅认识了樱桃树,还见识了崂山水库、下清宫、上清宫等。之后的日子里,尤其是近几年每年一届的崂山北宅樱桃节,让我知道崂山樱桃当数北宅樱桃。崂山北宅樱桃之乡的美誉当之无愧。

崂山北宅依山傍海,光照充足,空气质量好,春天来得早,昼夜温差大;虽是山岭地,但较深厚的沙质土壤既肥沃又疏松。这一带的水源便是闻名天下的九水,白沙河的起端。

怪石嶙峋路可封,一川九曲出盘龙。溪边疑有胡麻饭,身在桃源第几重。

这是黄禔(jī)《北九水》诗。溪边胡麻饭倒是没有了,但有黄瓜味的仙胎鱼和爽甜可口的樱桃。不过,作为我国原产鲜果之一,并被称为春果第一枝,3000年前就有史书记载,大江南北多有栽培的樱桃,是什么时间来到崂山安家落户的呢?大概不好追寻。因为,大家知道,距今1亿年左右的燕山运动晚期因花岗岩的广泛入侵渐渐形成的崂山,曾长期无志,有文字记载的史志起于明代,是即墨黄宗昌所为,但文字简略。所以说崂山的历史是建立在碑碣刻石、道教文化和民间传说的基础之上的。关于樱桃,近代周至元《崂山志·物产志》有这样的文字:"有家樱、山樱两种。南九水植者最多。家樱味甘,山樱微酸。其大者名樱珠,尤肉丰水多。今近登窑等处,又有拿破仑种者,粒大而红,熟时娇艳可爱。"1997年版的青岛旅游丛书之一《青岛餐饮购物》:"生长在崂山农家院落地头,春季成熟,品种很多,主要有大红樱桃、小红樱桃、樱黄三种类型。"肯定了它在青岛土特产物品中的地位。据说,如今崂山北宅已栽种樱桃树20余万棵,可满足几十万游人品尝。所栽樱桃大体分为两大类,一种是当地樱,俗称中国樱桃;另一种是西洋樱,俗称樱珠。当地樱主要有大红樱、短把樱桃、崂山樱桃、樱皇等品,外观鲜艳,品质极佳,每个大约3克多重;西樱主要有红灯、先锋、红宝石、贵夫人、艳红、那翁等40多个品种。西樱是后来的引进品种,普遍地开花晚,但果实大,每个20克左右。今年的樱桃节游客竟达四五十万人次,收入3000余万元,惠及7000余山民。樱桃树可谓崂山北宅人的摇钱树。

樱桃好吃又好看,正如新加坡尤今《日啖樱桃,岂止三百》一文所言:"好吃的水果令人垂涎,好看的水果令人难忘;而好吃又好看的水果一如樱桃的,会使人在吃时开怀,事后缅怀!"据营养学分析报告,每百克樱桃鲜果中,含糖分8克,蛋白质1.4克,钙6毫克,铁5.9毫克,还有丰富的维生素A、B、C,不少的钾、钠、镁等微量元素,以及核黄素、尼克酸。水果中,铁的含量

一般较低,樱桃却卓然不群,一枝独秀,居水果之首。它的维生素 A 的含量比葡萄、苹果、橘子类多 3~4 倍。这宝贝,中医认为性热、味甘,有益气、健胃、祛风湿的功效,这都是吃鲜果能够得到的。看《酉阳杂俎》、《山家清供》、《粥谱》、《调鼎集》等著作,我们知道古人曾拿樱桃制作甜点、果脯和果粥。《周礼》上一句"以含桃先荐寝庙",使后人知道樱桃曾经的地位不凡。五代王定保《唐摭言·慈恩寺题名游赏赋咏杂记》上记载的樱桃宴,又让我们知道樱桃一物也成就过科举时代庆贺进士及第的专门的瓜果大宴。王维《敕赐百官樱桃》一诗上"芙蓉阙下会千官,紫禁朱樱出上阑"、"归鞍竞带青丝笼,中使频倾赤玉盘"的诗句,元代贡师泰《玩斋集·和马伯庸学士拟古宫词》中的"近臣侍罢樱桃宴,更遣黄门送两笼"的溢美之词,便是此情结的延续。所以,樱桃色、香、味、形、意俱佳的美食学,让许多文人雅士赞叹不已。樱桃早早地便成为贡品,更有元代的程从龙和明代的钱文荐先后为之写下《樱桃赋》。

人说樱桃美,谁知味特殊。颗匀圆更好,色丽赏还须。树树红攒夏,年年价满都。畏风应早摘,宜日称晨敷。血滴春鹃泪,胎含火齐珠。透肌胜琥珀,爽口剧醍醐。怒目睛全赤,妆唇点误粗。爱擎宜翠笼,登进合银盂。秀实期先荐,流莺莫漫图。园林千百品,甘处后尘无。

上面宋代强至《次韵郡寮樱桃之什》诗描写赞美了樱桃的

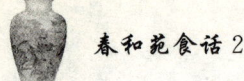

形状、色泽和风味等。相比之下,崂山北宅樱桃哪样也不差。只可惜1000多年前诗仙李白看到仙人安期生的吃相是"食枣大如瓜",而不是"食樱桃大如瓜"。

樱 桃

既然像迷人娇滴的红嘴
为何还要挂在高枝
让人垂涎欲滴

既然几重绿叶几重红樱
为何还要脉脉含情
让人似醉非醒

既然花晚不与春争宠
为何还要彰显魅力的个性
让人魂不守舍

既然赛过琥珀的碧透
为何还要"先荐寝庙"
让人爱屋及乌

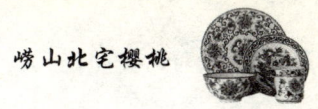 崂山北宅樱桃

既然够不到果实的甘露
为何还要跷脚搭梯
让人欲罢不能

既然摘到口中
为何还要嫌酸嫌涩
让人心生厌腻

是不是热恋中的心路都有几重疑虑
是不是没有神秘感就缺乏吸引力
是不是交换个眼色能触动爱的神经
是不是窒息的亲吻也会噎住呼吸的畅通
是不是要求的太多反而失去
是不是水晶样的痴情是积聚泪的源泉
是不是一滴泪的滑落胜过一树的你

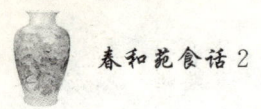

杏

徐渭《杏》诗:"杏有海东红,珍高百品中,色来先压市,子大欲沉笼。酿苦蜂何为,人甘蠹(dù)亦同,道旁繁李树,好去问王戎。"

诗人假物抒情,人生的感受寓于其中。其实,读过《徐渭集》的人知道,明代这位很有才、诗画皆精却一生倒霉透顶的青藤道人,因小小的杏子,当年在《杏》诗一旁还落了个题下文,曰:"蜜甘人享,蜂徒自苦,杏甘则蠹,杏徒自苦,不若苦李之自全也。"亲爱的徐先生对杏充满了伟大的爱与同情。

杏,也称杏实、甜梅,蔷薇科植物的果实。它是圆或扁圆形的模样,皮薄,呈现着鲜艳黄红的色泽;果肉多汁软糯,口感甜中带酸,回味清香。当然,因品种的不同,品质上也有差异。这是我国特有的鲜果之一,春季早熟的佳品。在我国,它的主产地是长江以北广大地区及江苏、四川、贵州部分地区。甘肃兰州的大接杏,陕西华县接杏,安徽的巴斗杏,北京房山白杏以及青岛崂山甜杏等都是优良品种。

杏

关于崂山杏,周至元《崂山志·物产志》有这样的文字:"有数十种,而以银榛杏为上品。熟时色微淡红。甘香可口。次为白杏,色白有红点,剖之肉则全白。设诸几上,香气袭人。又有将军拳者,七月始熟。味亦不亚于二者。"

说实话,作为一个自幼被甜美的崂山杏征服了口欲的人,我分不清手里的爱物是银榛、将军拳还是其他,只顾大嚼,哪怕它通体透着青色,任未升华为完整版美味的酸涩将牙齿搞得狼狈不堪。那时不知它含有各种有机成分和人体必需的维生素及磷、铁、钾等等的微量元素。据当今营养学分析,它维生素 A 的含量居鲜果第二,维生素 B_{17} 是特有效的抗癌物质。在传统中医大夫眼里,它润肺,化痰,定喘,生津,止渴。这些我当时都不知道。我当时更不知道,那些倒牙的酸涩能对人体中的钙造成伤害。它作为传统中医中的发物对人体亦有伤害。当时的我一切都等不及了,吃了果肉不行再吃生猛的果仁。不过,有一点,大人告诉的每次不过 7 个杏仁的教诲我牢牢地记住了。据说,它关乎生命。每年的春夏之交,小麦将熟之际,童时的我与伙伴不是期盼收获小麦的成熟,而是盼着麦黄杏的到来。突然,某一天早晨,迎着崂山美丽的倩影的村东头,就会走进挑着担子的卖杏人。

《神仙传》记:居庐山的董奉为人治病从不收钱,但有一规矩,重病治愈者得山上种杏树五株,轻病治愈者种杏树一株。

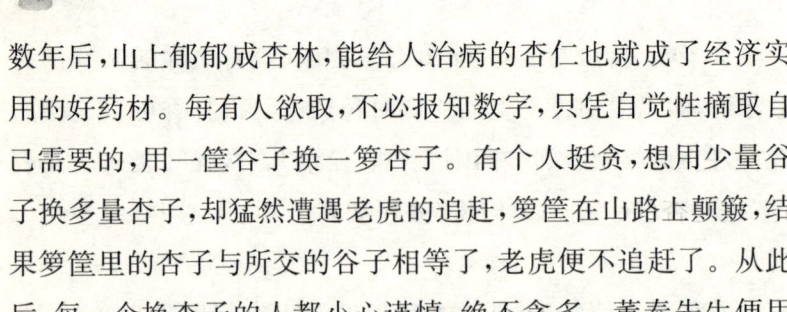

数年后,山上郁郁成杏林,能给人治病的杏仁也就成了经济实用的好药材。每有人欲取,不必报知数字,只凭自觉性摘取自己需要的,用一筐谷子换一箩杏子。有个人挺贪,想用少量谷子换多量杏子,却猛然遭遇老虎的追赶,箩筐在山路上颠簸,结果箩筐里的杏子与所交的谷子相等了,老虎便不追赶了。从此后,每一个换杏子的人都小心谨慎,绝不贪多。董奉先生便用杏子换来的谷子救赈贫苦的人。

我们亲爱的董先生真是一个心地善良的人,不仅人好,也将作为物的杏上升到形而上之高度。其实,杏子自在《管子》和《夏小正》中闪亮登场,国人不单爱它的果实,也爱它的全部。王安石的笔下,它是"小院回廊春寂寂,山桃溪杏两三栽",几株树成了春的使者与风景的亮点。"春色方盈野枝枝,绽翠英依稀映村",北周诗人庾信的眼里,杏花美极了。唐代杜牧用"莫怪杏园憔悴去,满城多少插花人"的诗句表述了人花情未了的情分。元代张弘范《青杏》一诗中是"落尽残红绿满枝,青青如豆酿酸时"的杏的青春之美。成熟了的杏呢,苏东坡的笔下,它是"大杏金黄小麦熟,坠巢乳鹊拳新竹"。叶绍翁笔下,"春色满园关不住,一枝红杏出墙来",红杏不够,杏枝也跟着出场,并且含情脉脉。此事结束了吗?没有,还可以做杏核的戏。"一碗琼浆真适口,香甜莫比杏仁茶",《燕都小食品杂咏》中如此赞美杏仁茶的美好。观唐伯虎《观杏图》,不知那株高高的杏树下站着的一老二小在作什么遐想。了解唐史的人知道,当时,每有

杏

新科及第进士,都要在长安曲江池杏园举行同年赏花宴。刘沧《及第后宴曲江》诗赞道:"及第新春选胜游,杏园初宴曲江头。紫毫粉壁题仙籍,柳色箫声拂御楼。"这是何等荣耀的群体性活动,也是杏的荣幸。我们将《齐民要术》、《食医心鉴》、《遵生八笺》、《本草纲目》、《饮膳正要》、《调鼎集》等书上的这粥那汤,这菜那菜言归正传,可以说,在中国的土地上,杏这厮过的是阳光灿烂的日子,很早就得了物质与精神的双丰收。

红杏了,夭桃尽,独自占春芳。不比人间兰麝(shè),自然透骨生香。对酒莫相忘。似佳人,兼合明光。只忧长笛吹花落,除是宁王。

苏东坡的《占春芳》比徐渭的《杏》诗多了些许粉黛气,也就浪漫尽出了。

杏

一口咬下去的是
果园的沉醉杏子的清香
你生津止渴酸甜多汁的原创
为欣赏唐伯虎的《观杏图》
作了感官上的注解

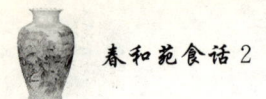

泛青的色调
描绘出成熟前的苦涩
静静地捕捉
能否捕捉到一手的思潮
果树下曾经品尝过心酸的滋味

心绪在斟满酒杯的黄昏中跳跃
无声无息地劳作
像日复一日的天气
在忍耐的季节里与树对话
细节的匆忙已是过眼云烟

一段枯黄
一腔梗塞
那咳也咳不出的曾经啊
都从《随息居饮食谱》中
移植出沉默
接种着感受
抛弃掉苦涩无人理的青杏

翘首等待着
起伏着

杏

是否圆圆的眼睛也被异化成了杏子的光泽
那一汪的泪水
都被取不尽的无奈,抛不完的相思风干

枯萎是今晚的怨恨
哀愁是明朝的故事
何时你成熟的色与甜
像阳光洒满枝头的摇摇晃晃
何时那青的、黄的都随消融而消融
……

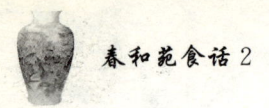

西 瓜

瓜中的西瓜,以方位命名。

这葫芦科植物中的舶来品,三四千年前是非洲沙漠里的野生瓜,大象、犀牛类动物拿它大嚼。后来,人们认识到它是好东西,开始了亲密接触,不仅吃开了这瓜中的野味,还有栽培,使之终成了夏季清热解暑的佳品,并在中亚细亚广泛栽种,大受欢迎。再后来,有能力和胸襟走出去的中原人在西域之地也发现了这可爱的东西,于是,以拿来主义之姿态引种西瓜于中原沃土之上,大获成功。从此,每当进入赤日炎炎似火烧的夏季,更多的国人也能"下咽顿除烟火气,入齿便作冰雪声"(文天祥《西瓜吟》),让炎热与苦闷统统靠边站了。

不过,至今为止,关于西瓜是什么时候来到中原土地安家落户,说法不一。一说,它始于五代;二说,南北朝时它就与中原人有缘;三说,汉代就见它的影子了。

西瓜五代时就踏上了中原的土地,事情十有八九是欧阳修的裁定。他的《新五代史·四夷附录二》记,五代同州郃阳县令

西　瓜

胡峤入契丹,"契丹破回纥得此种,以牛粪覆棚而种,大如中国(当时指中原地区)冬瓜而味甘。"契丹,我国古族名,游牧于今辽河上游。唐末曾建立辽政权,1125年被金国灭。回纥,也是我国古族名,原游牧于今鄂尔浑河流域。唐天宝三年建立汗国,是一个与唐朝友好的从属国。开成五年(840)契丹国成了汗国的终结者。它的国民大部西迁。由历史资料分析,欧阳修的裁定没有错,胡峤于新疆地区得西瓜种是实事。这一点,也得李时珍的肯定。李时珍《本草纲目》:"契丹攻破回纥,始得此种。"新疆地区至今是西瓜生长的乐土。但是,大概李时珍没有想到的是"西瓜"条目中又透露了另一很重要的信息。《本草纲目》"西瓜"开始就言:"又名'寒瓜'。"既然西瓜又名寒瓜,南北朝时期,官至尚书令的沈约《行园》一诗中有这样的诗句:"寒瓜方卧垄,秋菰(gū)亦满陂。"谁不知,南北朝时期的药物学家陶弘景在其医药学著作中也提及寒瓜。还有,杂录了隋、唐、五代烹饪与饮食史的宋代陶谷《清异录》一书中这样说:"果中子繁者,惟夏瓜、冬瓜、石榴。"夏瓜,据学者考证,是西瓜的又一曾用名。就此看,欧阳修的结论,如指西瓜一物的来龙去脉是大错特错了,如指胡峤"契丹破回纥得此种"这一事儿,不能说不对。那么,就此就可以肯定西瓜一物南北朝进入中原?也不准确。因为,1976年广西贵县汉墓和1980年江苏扬州邗江县汉墓的发掘中都有西瓜籽实物,并且位置都是长江以南地区。这样,我们是不是可以推断,西瓜一物汉代就由西而来,并且走了雷州半岛始,沿北部湾,绕金瓯角,暹罗湾,顺马来半岛抵新加坡,

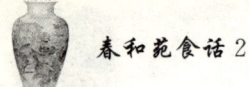

穿马六甲海峡,孟加拉湾,尔后斯里兰卡的海上丝绸之路呢?至于是谁慧眼识珠,由于历史的云里雾里,怕是成了不能破解的密码了。

西瓜,圆形或椭圆形的葫芦科植物的果实;绿、浓绿或绿色夹蛇纹的皮色,在高温干燥的环境下,呈现着亲切与骄傲。情窦初开时,它就用黄色花朵做美好的梦的彩旗,并很快梦想成真。所以,它友好地与我们握手言欢的时候,我们不仅感受了它魔幻般的色彩之美,也尝到了它果瓤的清爽、脆嫩与甜美。它给予我们的丰富的葡萄糖、果糖和蔗糖、大量的维生素 C、瓜氨酸、磷酸、番茄烃、各种氨基酸等,能够供我们清热解暑,除烦止渴,消除肾脏炎症,降低血压。新鲜的西瓜汁和鲜嫩的瓜皮能增加我们皮肤的弹性,减少皱纹,增添光泽,还能做美味菜肴供我们享用。另据美国科研人员的研究报告,西瓜为人体提供天然增强剂的能力比我们想象的要强;西瓜中的瓜氨酸有益健康的作用又被证明,它能缓解血管压力,治疗勃起功能紊乱,是瓜中的"伟哥"。西瓜,我们爱你到永远,并尊称你为瓜中之王。

宋人方夔《食西瓜》诗:"恨无纤手削驼峰,醉嚼寒瓜一百筒。半岭花衫粘唾碧,一痕丹血掐肤红。香浮笑语牙生水,凉入衣襟骨有风。从此安心师老圃,青门何处问穷通。"

诗人用诗的形象、生动的语言描述了食西瓜时的情形与感受,是宋代热情咏西瓜诗歌中的佼佼者,可与文天祥《西瓜吟》一诗相媲美,比范成大《西瓜园》一诗中的"形模濩落淡如水,未可蒲萄苜蓿夸"的感受强多了,范先生的感受简直是味淡若水。只是诗歌最后的那句"从此安心师老圃,青门何处问穷通"流露了诗人对前途的无奈。"青门"典,源于汉代长安的东南门,门是青色,人们称之为青门。汉初一个名叫邵平的人在"争如汉朝作公卿"(文天祥《西瓜吟》)之前,曾在青门外隐居种瓜,后功成名就。明代瞿佑《红瓤瓜》诗中那句"采得青门绿玉房",清代画家金农《西瓜图》上的"此物能消渴,想见青门门外路"的画作题词,说的都是此事。但是,品味《食西瓜》诗最后的心迹,方先生怕是没有邵平当年的雄心壮志。再者,邵平生于秦末成事于汉初,在还轮不到汉武帝实施改革开放政策之机,大概西瓜还在西域。我想,当年的"邵平瓜"该是甜瓜。这一点,陆机、张载、傅玄、刘桢等前辈名士的《瓜赋》可为证。

西 瓜

刨开《饮膳正要》解心烦的良方
是否情感的是是非非
都似黑的瓜子红的果肉样无处藏身

眼前的瓜子
宛如夜的星辰

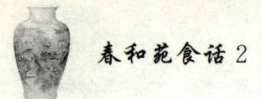

你在向谁眨眼

口感的甜蜜
撞入了寂静的心房
好像凉透的清露吞噬了炽情

红色应该象征爱的火热
却原来
心的冰凉也能把火泯灭

多希望你不是李贤《黄台瓜辞》里的瓜
用一摘再摘的比喻
感悟冀武侯杀太子弘立贤的事实

一条通往骨肉亲情的途径
一个被政权阻断的黄泉
熟悉又陌生的亲情
陌生又陌生的心机

人世间
来匆匆
去匆匆

西 瓜

长期的
短暂的
保存的
断绝的

沙地里的瓜叶
被风吹出遥远故事里的碎片
心碎的感受是不能复制的曾经

垂下凝望的眼睑
屏息倾听怦怦的心声
它在问:"什么是真实,什么是血浓?"
难道你生就是联结不完的悲剧重重

理也理不顺的人情啊
都在吞吐的瓜中
淡淡远去

唯独难以让人忘怀的
还是对你的钟情
爱你的色
爱你的汁

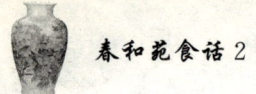

爱你君子样的文质彬彬

你如一泓混沌有情的天地
你似一览感慨万千的星辰

后　记

　　自《春和苑食话》付梓,我俩心里总有种薄薄的文集不能把心里话一吐为快的感觉。加之同仁给第一本书的掌声和希望有更好的作品面世的期待,出版社各位领导和老师的鼓励,也让我俩渐渐有了将《春和苑食话》续写下去的念头。一不做二不休,今天终于完成了《春和苑食话2》。

　　书是用码字的方式又完成了一本。但是,谁不知道,中国饮食文化历史悠久,博大精深,要把这属于国粹的东西既有时代特色又有个人风格与独到见解很好地表述出来,并不是一件容易的事情。好在我俩有几十年如一日对祖国饮食文化的热情,有对烹饪技艺的真情实感,而每一个国人与食物的关系与姿态用一两个答案岂能回答得了!每个青岛人都一定对青岛地区海陆特产有特别的感情;燕窝、鱼翅、东坡肉等食材与菜肴,国人虽对它们如数家珍,但深层次的东西不见得都了解得透彻;辣椒、扁豆、野菜、杏、西瓜等,都是平常之物,可平常中却大有文章。这些我们日常餐桌之上易见的东西,在现代理念和科技手段之下又是何种面貌?这有待我们一一弄明白,使民以食为天中的"天"阳光灿烂,并有雨露的滋润。作为祖国饮食文化的拥戴者,是不是更应该试着做个对此的守望者,至少用自己文字的微薄之力展示这个民族吃上的姿态?这也可看作我俩写作《春和苑食话》的初衷。至于到底能走多远,第二本在第一本书的基础上能不能更上一层楼,心里实在无底,有待读者和学者用智慧的眼光验证。

读《春和苑食话2》,细心的读者会感到诗歌部分比前一本更加用心。说实话,前一本着重于随笔部分,诗只是文的呼应。在一个谈饮食文化总离不开诗歌的饮食文化大国,诗歌在一本以饮食文化为主调的文集中当个主角,不是不可以。所以,这本书中,就让诗歌以自己的魅力去唱,去跳,去挖掘历史饮食文化的内涵,攀登属于诗歌的高峰。当然,这是我俩的大胆尝试,一来可咏唱同一个主题;二来也给亲爱的读者增添点诗情画意,至少是一种变化吧,不使读者读此书时生厌。再说,我中华民族的传统饮食诗歌本就不得了,现代饮食诗歌为什么要哑炮呢!如有闪失,只怪自己水平有限,心却是真诚的。没有最好,只有更好。如能得大家的垂爱,并得续写《春和苑食话》系列的机会,也许成就会有的。

为了让吃文化更有东方文化韵味,《春和苑食话2》中增添了八幅与吃有关的书法作品。虽都是拙作,但却是真心实意。愿读者在读正文的同时,也感受一下吃文化的另一层美学。如不能,一笑了之,也就够了。

感谢《中国烹饪》主编孙春明先生在百忙中写序。

感谢青岛的同仁和读者对我俩的鼓励。

后记

本书和上一本书中,参考引用了当今著名学者及饮食文化作家的著作与研究成果,在此向梁实秋、赵荣光、王子辉、聂凤乔、周至元、李玉尚、陈亮、王焕华、倪慧珠、宋振藩、朱伟、邓云乡、沈宏非、蔡澜、尤今、徐城北、吴德铎、古清生、唐振常等先生(排名不分先后)一并表示敬意!

如果亲爱的读者某一天在书店看到本书,并破费买一本,可是咱们的缘分啊!在此,我俩拱手拜谢了!

纪世超　于玲玲
2009 年 12 月 2 日
于青岛春和苑